爱上编程
CODING

25 Scratch 3 Games for Kids:
A Playful Guide to Coding

编程超好玩

全彩版

给孩子的25款图形化编程游戏

■ [英] 马克斯·温莱特（Max Wainewright） 著
刘建新 译

人民邮电出版社
北京

图书在版编目（CIP）数据

编程超好玩 : 给孩子的25款图形化编程游戏 : 全彩版 / (英) 马克斯·温莱特 (Max Wainewright) 著 ; 刘建新译. -- 北京 : 人民邮电出版社, 2021.5(2023.3重印)
（爱上编程）
ISBN 978-7-115-55912-8

Ⅰ. ①编… Ⅱ. ①马… ②刘… Ⅲ. ①程序设计一少儿读物 Ⅳ. ①TP311.1-49

中国版本图书馆CIP数据核字(2021)第018769号

版 权 声 明

◆ 著　　[英] 马克斯·温莱特（Max Wainewright）
译　　刘建新
责任编辑　魏勇俊
责任印制　彭志环

◆ 人民邮电出版社出版发行　　北京市丰台区成寿寺路 11 号
邮编　100164　　电子邮件　315@ptpress.com.cn
网址　https://www.ptpress.com.cn
北京虎彩文化传播有限公司印刷

◆ 开本：787×1092　1/16
印张：7.75　　2021 年 5 月第 1 版
字数：131 千字　　2023 年 3 月北京第 2 次印刷
著作权合同登记号　图字：01-2020-4010 号

定价：69.80 元

读者服务热线：(010) 81055493　印装质量热线：(010) 81055316
反盗版热线：(010) 81055315
广告经营许可证：京东市监广登字 20170147 号

呈献

致 New End 小学过去和现在的学生

译者序

也许你听到过程序或者代码这样的词语，觉得深不可测或遥不可及，更别说去尝试学习编写程序或代码了，那也太难了吧。但 2007 年由美国麻省理工学院（MIT）媒体实验室终身幼儿园小组设计开发的 Scratch，让编程成了一件非常有趣而且容易的事情。Scratch 特别为孩子们设计，可轻松将孩子们带入编程世界。只要拖动积木块，就可以创造各种各样的故事、游戏、动画等。

你可能还是会问，那我到底为什么要学编程呢？你或许已经听说诸如下面的说法：人工智能时代，很多职业会消失，会有越来越多需要人机协作的工作出现，很多新出现的工作和编程密切相关。编程可以培养孩子们的计算思维、逻辑思维、解决问题的能力和创造力，这些都是面向未来的、人工智能也难以取代的核心竞争力。站在更高的角度，我认为学习编程可以帮助人们看透事物和世界的本质，也更容易去发现问题和优化流程。再往更高的层次上说，学习编程真的是可以改变世界。

顺便简单分享一下我的 MECX 理念，即数学（Mathematics）、英语 (English)、编程 (Code) 以及 X。MECX 理念中的“编程”是一个超级连接器，X 代表扩展到很多科目或领域，通过编程进行跨学科的连接。芬兰教育部前部长说过：“在未来，如果你的孩子懂编程，他就是未来世界的创造者。如果他不懂，他只是使用者。”

学编程的好处，总结起来有三个层次。一是从生存角度去理解世界，它是一种基本技能和必备能力。二是从生活角度去影响世界，编程可以提升生产效率、优化流程。三是从生命角度去改变世界，编程可以帮助别人，让世界更美好。

知道了学习编程的重要性后，下一个问题就是应该怎么学习编程。自上线以来，Scratch 已被翻译成 60 多种语言，在超过 150 个国家或地区被使用，是全世界最受欢迎的少儿编程软件。学习 Scratch 是一个很好的开始，而这本书就是一个很好的启蒙老师。书中没有如传统书一样介绍每个编程“积木”的使用，而是引导读者进行项目式学习，在实践中学习。全书文字不多，图片很多，读者完全可以自己按照书中详细的步骤进行编程，就能在短时间内轻松地完成一个有意思的作品。更难得的是，书中的每一行代码都有注释说明，可以很好地帮助读者理解程序。另外，书中很多项目是自己绘制角色和背景，可以让学习者更好地进行创意表达。本书每一章后面都有挑战项目，可以启发创意和巩固所学的知识。市面上已经出版的图书很难找到这样易用和细致的。家长也可以和孩子一起通过本书学习编程，体验和分享创造的快乐，同时也让彼此的关系更加亲密。另外，学校的老师也可以参考本书中的项目进行教学，激发出更多的创意和灵感，让课堂更有意思，让学生更有收获。

工欲善其事，必先利其器。如果你的计算机上还没有安装 Scratch，可以关注微信公众号“麦子创程”，在对话框回复“Scratch 安装”就可以看到详细的教程。如果在学习中遇到什么问题，可以在微信公众号“麦子创程”或者通过电子邮件 mitscratch@163.com 来联系我们，大家一起讨论和学习。

对绝大部分孩子来说，学习一段时间 Scratch 后再学习 Python 是很适合的。因为 Python 入门简单但功能强大，应用场景也更多，如游戏、数据分析、网络爬虫、Web 开发、机器学习或深度学习等。当然有少部分计划参加信息学奥赛的孩子会学习 C++。编程语言和平台没有好坏之分，选择适合自己的开始学习就好。编程语言是相通的，熟练掌握一门语言后再学习一门新的编程语言是件容易的事情。这正如你会弹钢琴后，再去学吉他也不难，乐理相同只是指法不一样而已。

感恩父母对我的养育，他们以身作则，树立做人的榜样，让我得以继承他们的诚实和善良。感谢我的爱人张银芳，对我事业强有力的支持，是荣耀的帮助者。感谢我的儿子和女儿，给我的生活增添了无数的欢乐和感动。感谢我的学生刘沐言、张若渝、赵梓豫、纪方舟、管殊瑶、陈卓然、杜铭皓、张恒语、陈肇钧、刘斯年、李宜臻等，他们对书中的程序（中文和英文）进行了非常认真的测试，确保本书的高质量。感谢时间，感谢生命，感谢困难，感谢给予我力量的一切！

真心希望这本书能开启你奇妙而快乐的编程之旅！勇敢去尝试，不要怕出错，遇到问题多思考，积极乐观地去解决。打开脑洞，创意无极限，用独一无二的作品和你的家人与朋友一同分享，让他们也感受你的成长和快乐！

刘建新

致谢

非常感谢全家人给我的支持，包括 Rachel、Linus、Elsa 和其他所有人。

感谢 New End 小学的每个人，特别是孩子们，给我的启发。

感谢 No Starch Press 的所有人给予的鼓励、支持和耐心。

目录

Scratch 3.0 介绍

在这本书中，你将会学习用 Scratch 3.0 创建自己的游戏（Scratch 安装指南请参照译者序的说明）。你将学习使用不同的积木编写代码。你还会学习如何添加角色，使用代码让角色做你想让它做的事情。完成每一章最后的挑战部分，有助于你将自己的技能提升到更高的水平。

但是在编写代码之前，让我们先了解一下所要使用的编辑器。

Scratch 编辑器

Scratch 编辑器是你在 Scratch 中创建项目的地方。下面是它的组成部分：

菜单：使用菜单中的“文件”来保存或打开你的项目。

代码区：拖曳积木到这里，将其拼接在一起，创建你的程序。

开始与停止：点击绿旗运行程序，点击八边形图标结束程序。

舞台大小：使用这里的按钮可以使舞台变小，或设置为正常尺寸，或全屏显示。

舞台：你的程序在这里运行。

主要标签：切换代码标签、造型标签、声音标签。

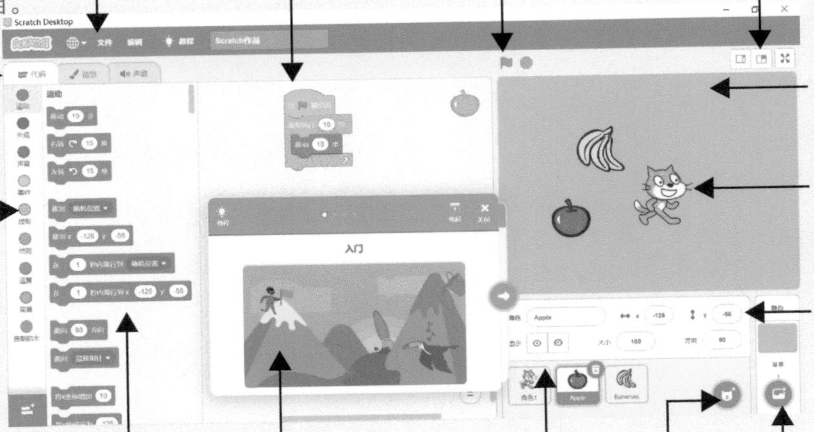

角色：在舞台上移动的对象。

积木类别：积木按照颜色分组。点击一个类别，然后找到该类别的积木。

角色信息：显示角色的信息，如角色大小。

积木：显示当前组的积木。如果找不到所需要的积木，请向下滚动积木列表。

教程：显示帮助视频。点击右上角白色的“×”可以关闭视频。

角色列表：显示你项目里的所有角色。选中角色，会出现一个蓝色边框。

选择一个角色：在你的项目里添加一个新的角色。

选择一个背景：在你的项目里添加一个新的背景。

主要标签

在创建你的游戏时，你需要在 Scratch 编辑器的 3 个标签间进行切换。这些标签分别可以给角色编程、改变角色的外观、为角色添加声音。

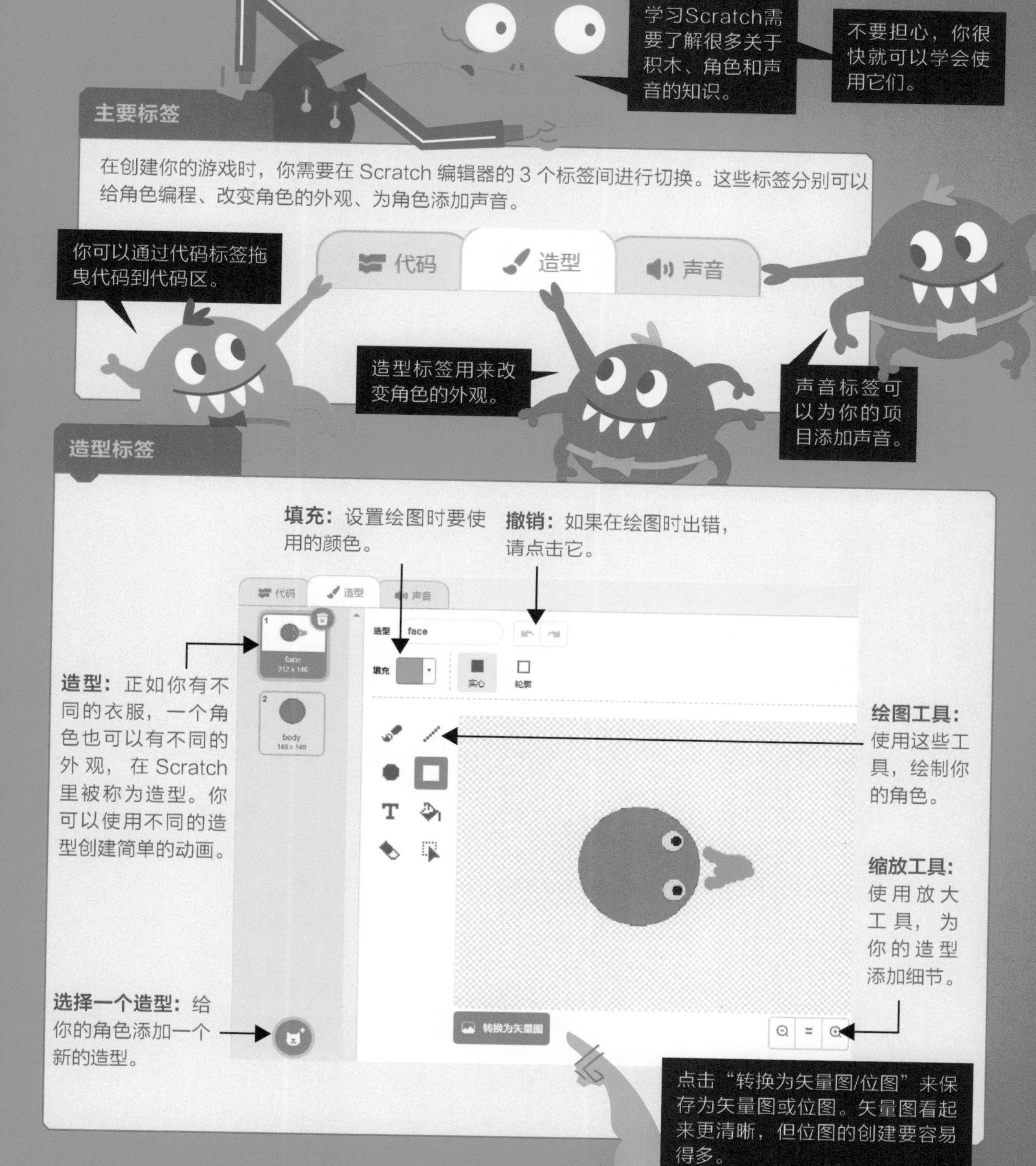

当你在背景里绘图时，造型标签会变为背景标签。背景标签里的绘图工具和造型标签里的绘图工具使用方法一样。

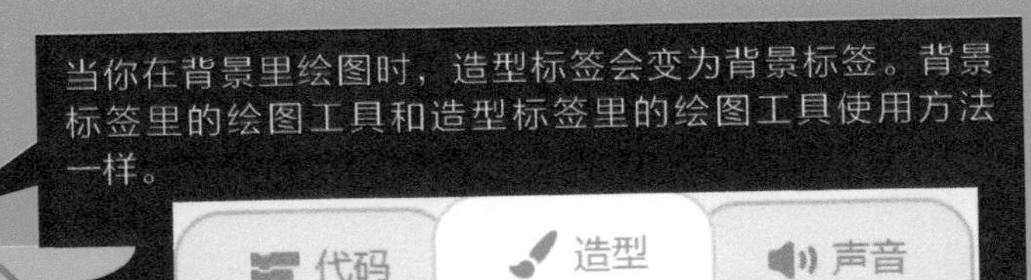

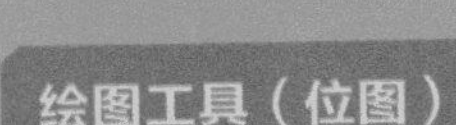

绘图工具（位图）

画笔：通过鼠标来绘制你的角色。

文本：在舞台区域打字。

线段：按下鼠标左键并拖动，画一条直线。

填充：在角色里填充颜色。

圆：拖动鼠标，画一个椭圆（按住 Shift 键可以画正圆）。

橡皮擦：擦去角色的一部分（如果不小心出错了想修正，使用“撤销”更好）。

矩形：拖动鼠标，画一个矩形。

选择：可选中角色的一部分，进行翻转、复制或者旋转等操作。

颜色滑块

颜色 16
饱和度 100
亮度 66

通过移动滑块，你可以创建出 100 万种以上的颜色。但是要找到想要的确切的颜色可能有些难。

使用下面的值可以创建基础颜色，通过调整滑块找到你需要的颜色。

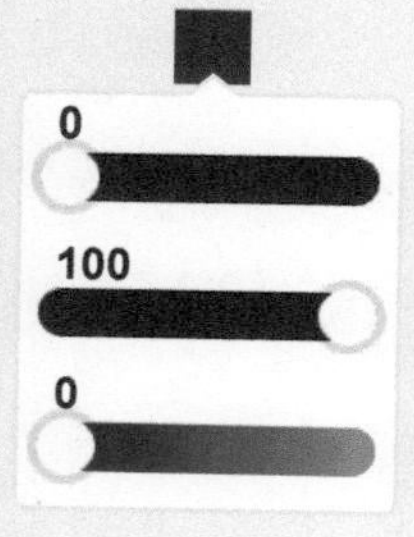

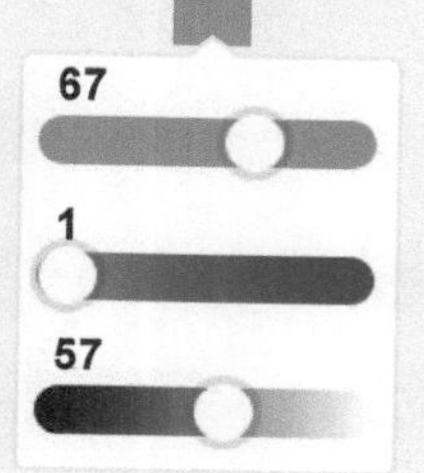

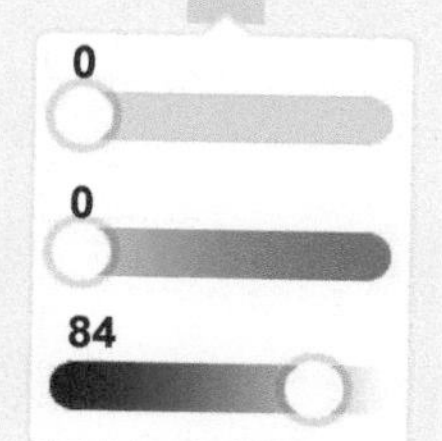

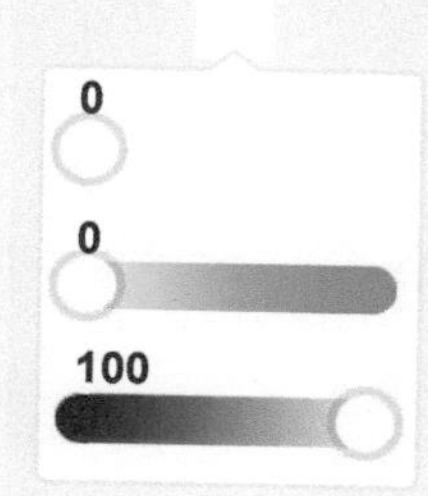

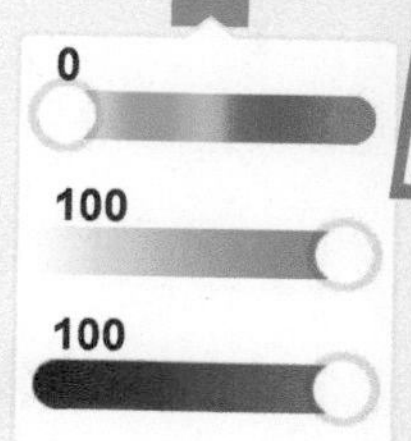

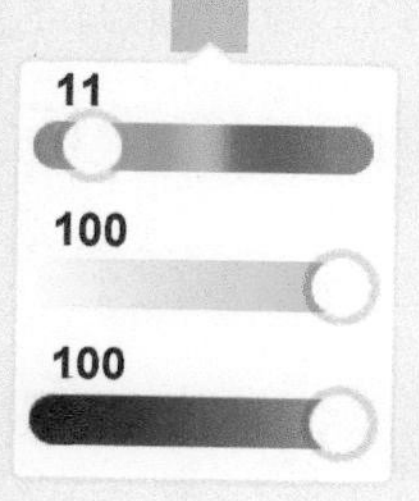

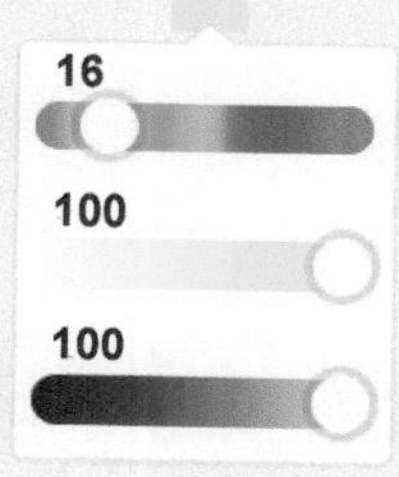

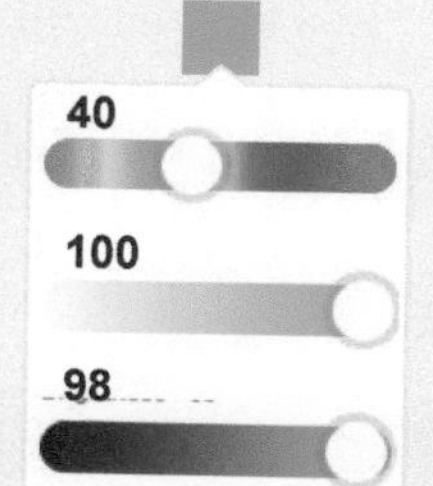

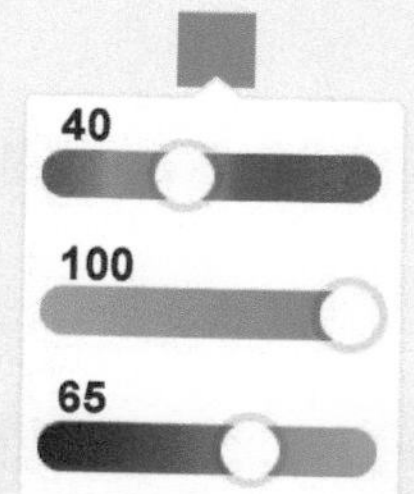

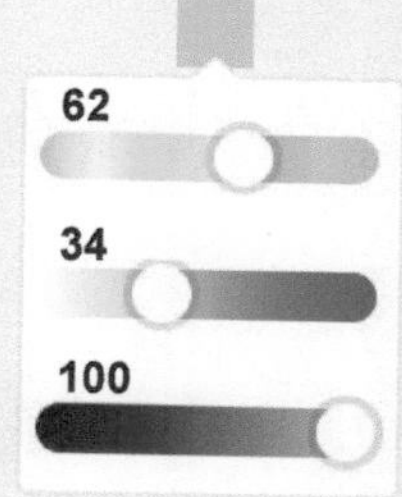

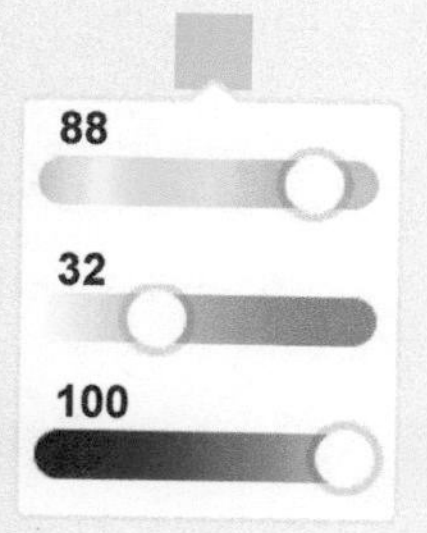

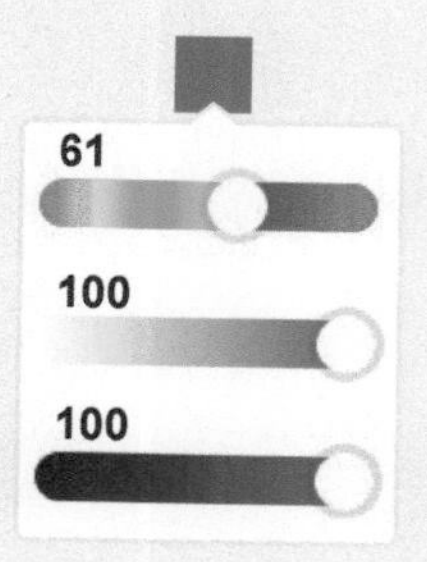

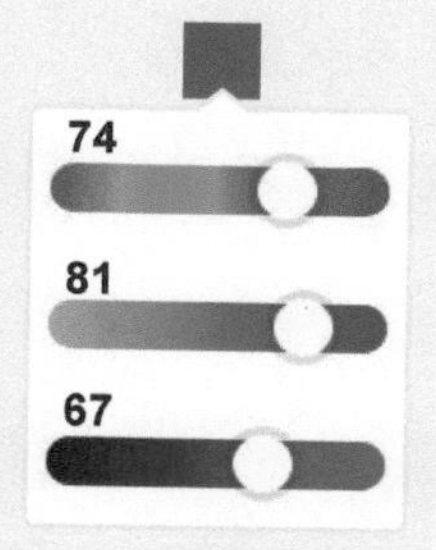

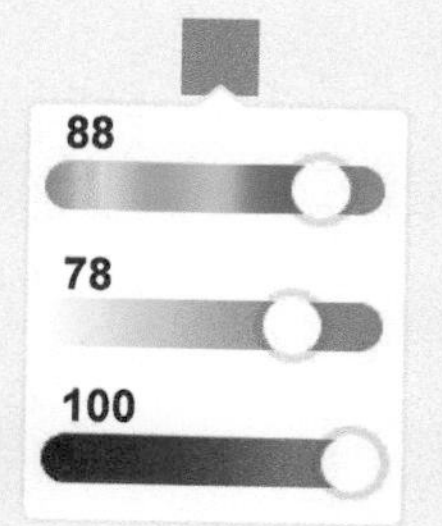

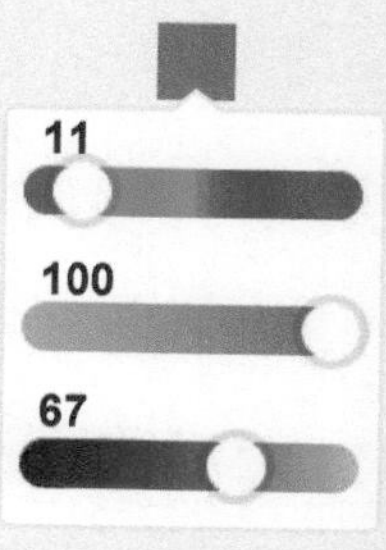

1

游戏开始

在这一章，你将会学习使用Scratch创作游戏的基础知识。下面是将要使用到的积木。

输入积木

输入积木告诉计算机在执行某种操作时运行，如按下某个键或者移动鼠标。

当按下 → 键

当你按下某个键时，输入积木让代码运行。

运动积木

这个积木让角色移动。

移动 10 步

重复执行

救命呀，我被困在这个循环里，晕死了。

重复执行积木

放在这个 C 形积木中的所有代码将会一直重复执行。

重复执行

下一个造型积木

这个积木让角色变为另外一个外观不同的造型。你可以使用它创作简单的动画。

下一个造型

重复执行直到积木

你可以组合两个积木，使代码在一个角色碰到另一个角色时运行。

等待 碰到 Dinosaur1 ▾ ?

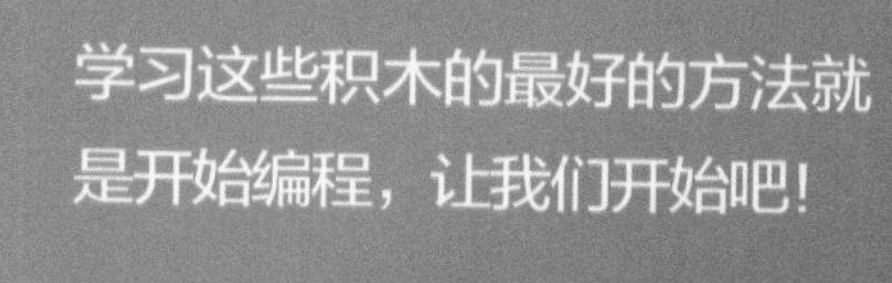

学习这些积木的最好的方法就是开始编程，让我们开始吧！

小猫走路

在我们的第一个游戏中，你会学习如何让角色移动和改变方向。你将使用输入积木让玩家通过键盘和计算机交互。让我们开始吧!

1. 开始使用 Scratch

打开 Scratch，在主界面上创建新作品。

2. 点击事件按钮

运动
外观
声音
事件

找到屏幕左上角的“**代码**”标签。

点击“**事件**”按钮显示事件类的积木。

3. 开始编程

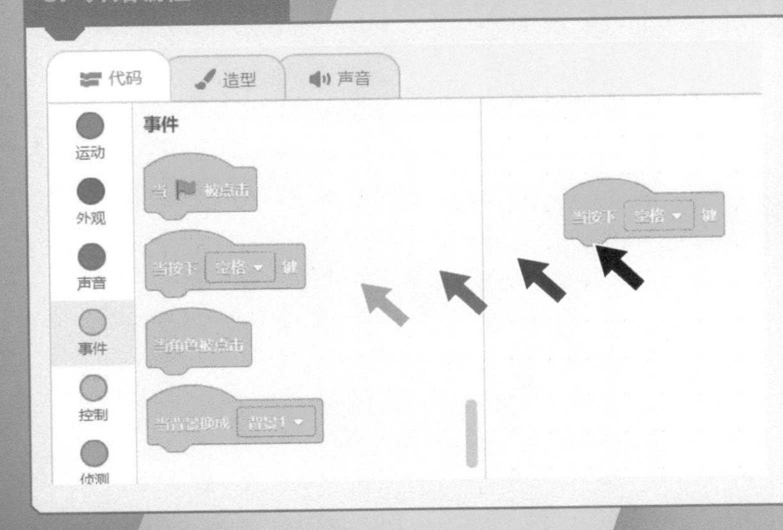

找到“**当按下空格键**”积木。
按下鼠标左键将它拖曳到代码区。

4. 设置按键

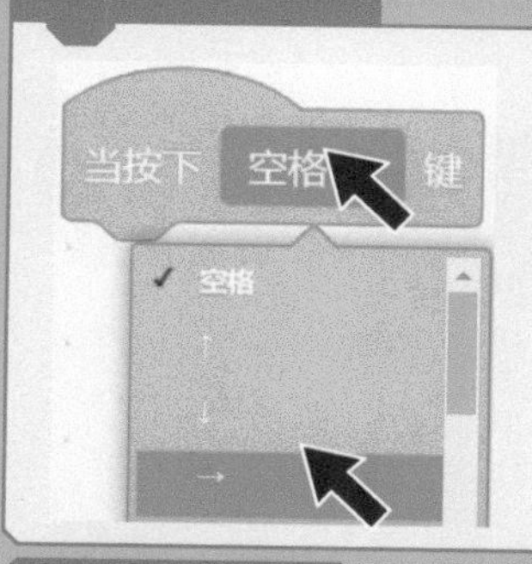

如果你想在按下“→”键时运行一些代码。请点击下拉框选择“→”键。

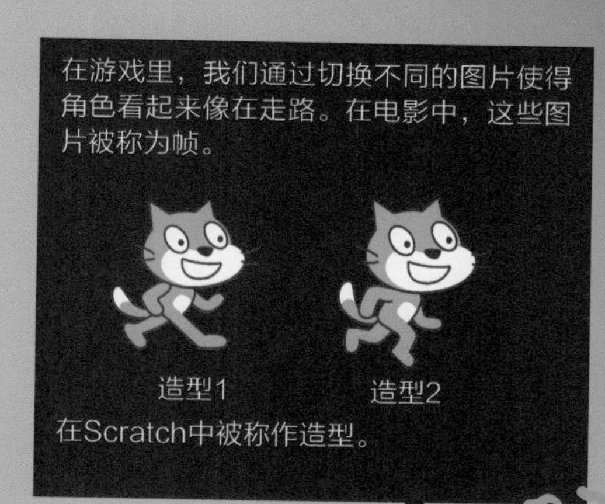

在游戏里，我们通过切换不同的图片使得角色看起来像在走路。在电影中，这些图片被称为帧。

在Scratch中被称作造型。

5. 动起来

拖曳下面的积木到代码区。通过识别积木的颜色，你可以到按照颜色分组的积木类别栏中找到相应的积木。

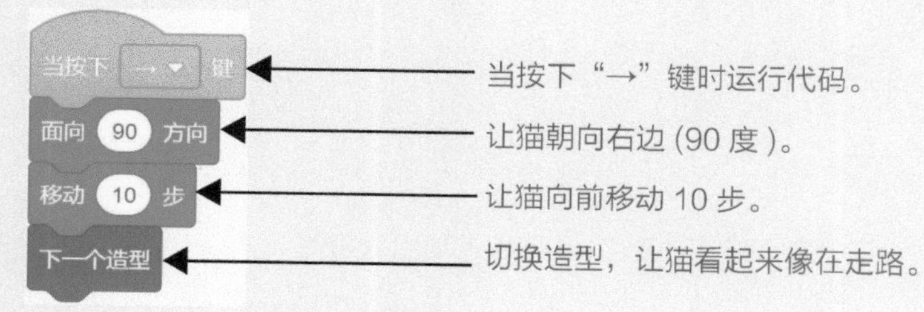

点击绿旗测试你的代码。
按下“→”键，你会看到猫在走路！

6. 向各个方向移动

再添加 3 段代码，让猫可以向各个方向移动。

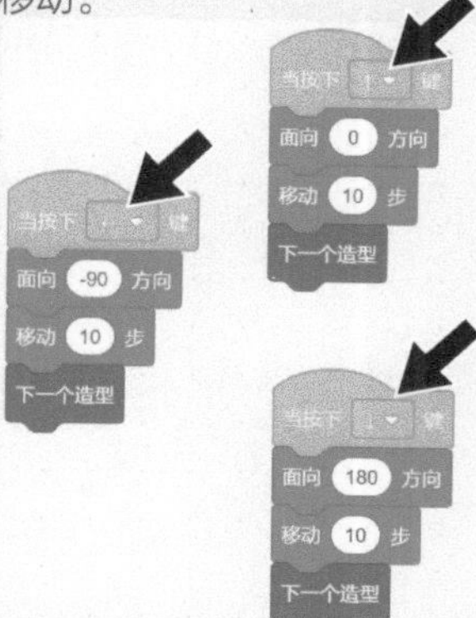

点击绿旗测试你的代码。使用方向键让猫移动！

选择使每段代码运行的方向键（参照上面的第4步）。

确保修改每段代码里的方向。可以输入度数，或者使用白色箭头来选择移动方向。

现在你了解了如何创作一个简单交互的游戏，让一个角色向各个方向移动。接下来用你学过的知识，创建一个“小狗走路”游戏（前往第 12 页）。

猫和老鼠

你已创建了一个简单的游戏，现在让我们创作一个双人游戏！添加另外一个角色和猫进行比赛。通过添加代码，在按下不同的键时可以让两个动物都能移动。

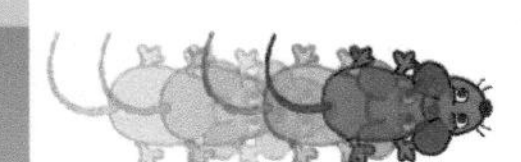

1. 使用 Scratch

打开 Scratch，在主界面上创建新作品。

2. 开始编程

拖曳以下积木到代码区。通过颜色可以找到相应的积木。

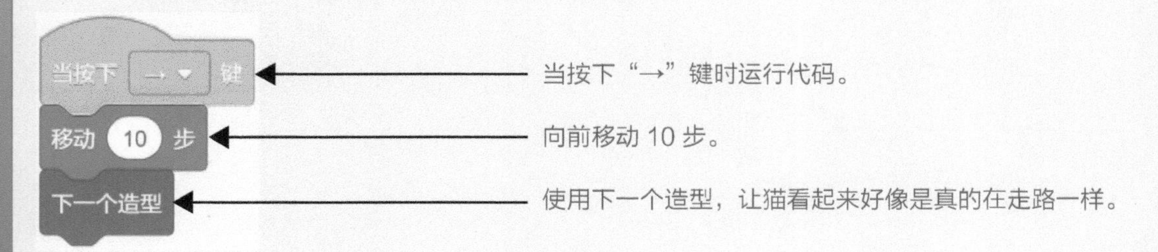

点击绿旗测试你的代码。每次按下“→”键，猫就往前走 10 步。

3. 确认点击的是正确的按钮，添加新角色

点击“**选择一个角色**”按钮。

4. 选择老鼠角色，蓝色边框表示它被选中

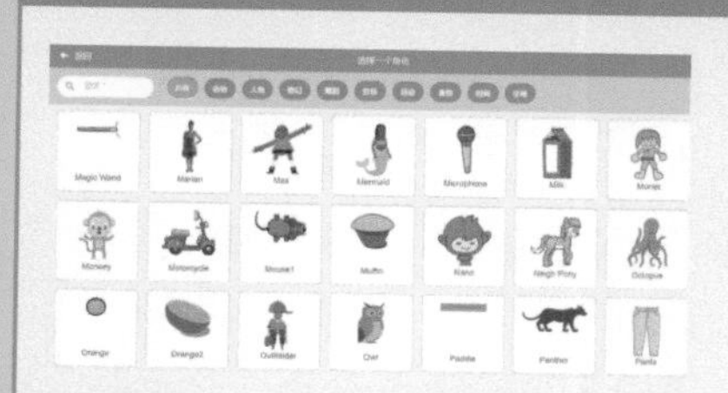

浏览角色，找到老鼠的图片。

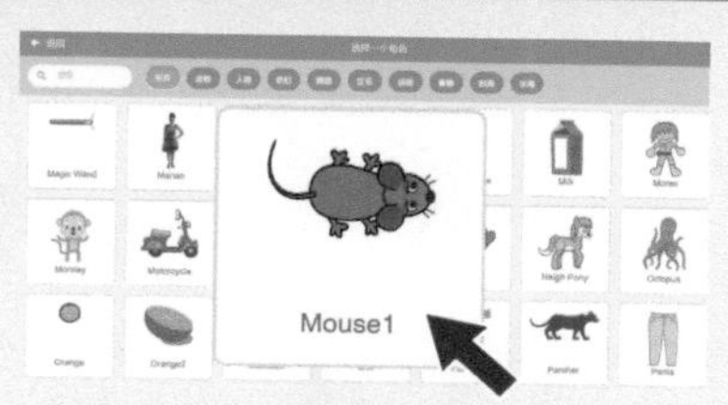

点击老鼠（Mouse1）的图片，将其添加为新角色。

新角色会显示在角色列表中。

5. 添加代码

添加代码，当按下 z 键时老鼠可以移动。

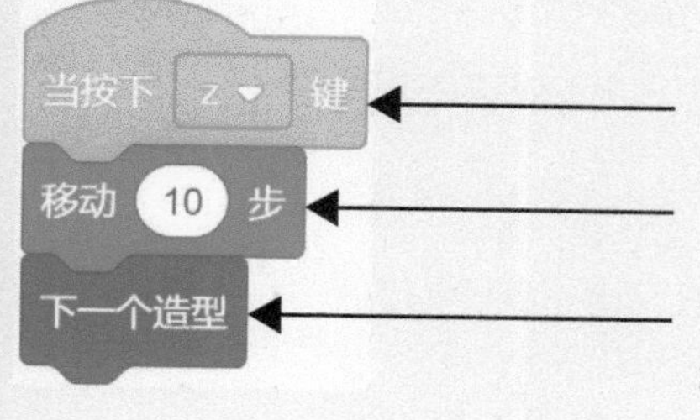

当按下 z 键时运行代码。

让老鼠向前移动 10 步。

切换造型使老鼠看起来好像在走路。

点击绿旗测试代码。
按下 z 键让老鼠移动。

6. 试玩

找一个朋友和你进行比赛吧。比赛开始前把角色拖动到舞台的左边，决定谁操作老鼠或猫。把手指放到“→”键或 z 键上准备好，开始！尽可能快地按键，看看谁能赢得比赛！

到这儿，你已经学会了创建一个双人游戏。如果你准备好迎接新的挑战，请前往第 12 页尝试创建“动物奥运会”游戏。

海中的鱼

在这个游戏中，你将会学习另一种控制角色移动的方法。为了不停地移动，你将会使用循环，它会使游戏里的代码一遍又一遍地重复运行。使用按键来控制鱼的方向。添加一个背景会让游戏的效果更好。

1. 使用 Scratch

打开 Scratch，在主界面上创建新作品。

2. 删除猫

猫不会游泳。点击角色右上角的“×”删除猫。

3. 添加角色

点击“**选择一个角色**”按钮。

4. 选择鱼

浏览角色，找到鱼的图片。

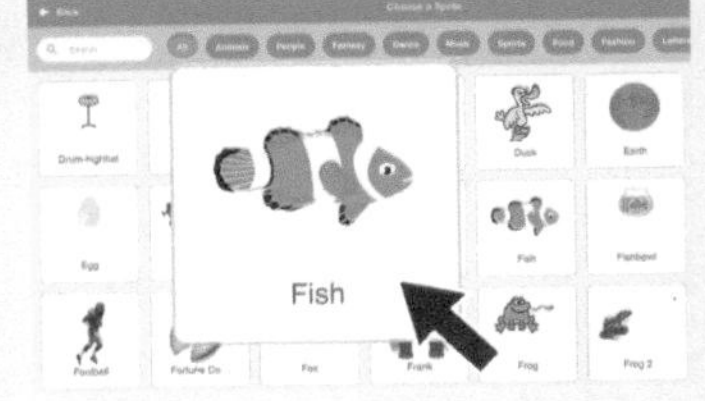

点击鱼（Fish）的图片，将其添加为新角色。

5. 添加代码

拖曳以下代码到代码区。

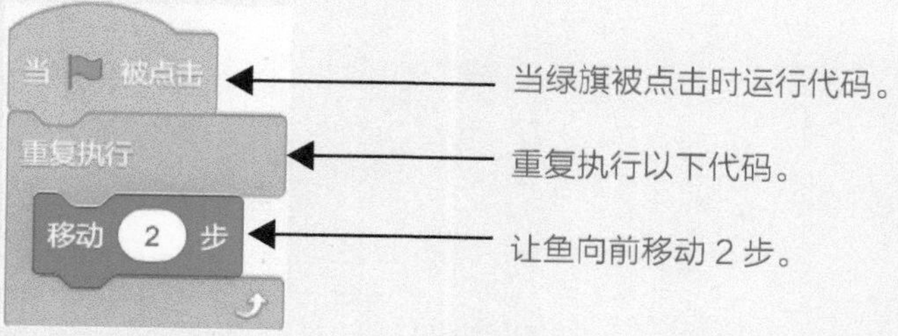

点击绿旗测试代码。"重复执行"积木里的代码，使鱼开始慢慢地游动，直到碰到舞台的边缘为止。

一般情况下，当某个事件发生，例如按下某个键时，代码块只运行一次。"重复执行"里的代码块会一直重复运行。

6. 改变方向

你可以通过按键来控制鱼的方向。请拖曳如下所示的两个代码段。

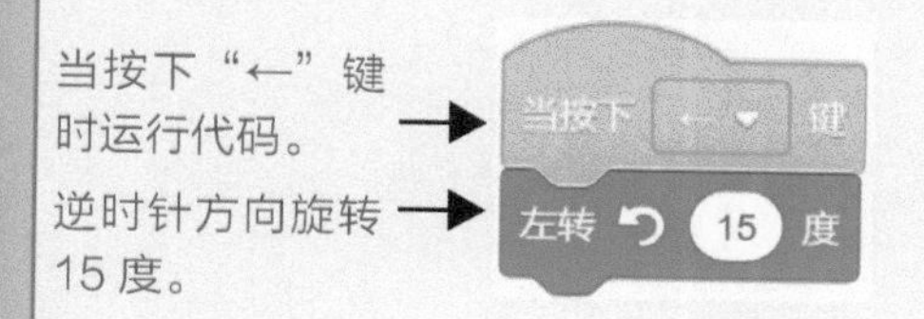

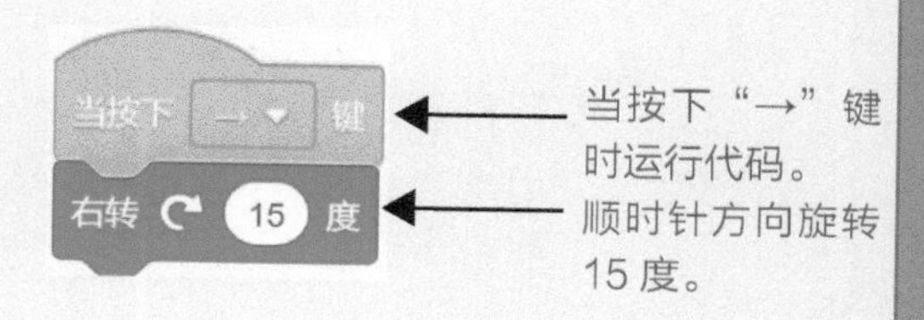

把鱼拖到舞台的左侧，点击绿旗测试代码。使用"←"键和"→"键让鱼转变方向。

7. 添加背景

点击"选择一个背景"按钮。

查看屏幕右下角附近的按钮。确认点击的是正确的按钮。

8. 选择水下背景

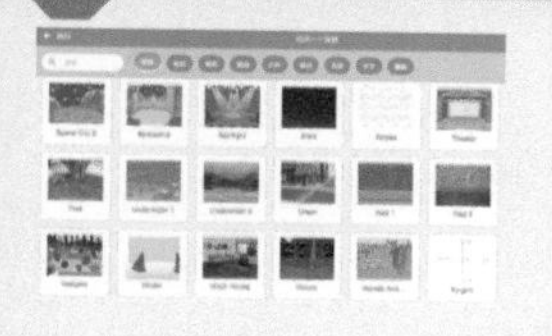

滚动浏览背景，直到找到 **Underwater1**。

点击水下背景（Underwater1），将其添加为新背景。

在这个游戏里，你学会了使用循环。循环让游戏里的代码一遍遍地运行。如果你准备好了迎接新的挑战，请前往第 13 页创建"空中鹦鹉"游戏。

蝙蝠飞行

到现在为止，我们在游戏里探索了如何让角色移动。但是大多数的游戏会有一个明确的目标，如找到要收集的东西。在蝙蝠飞行这个游戏里，你将会学习给蝙蝠编程，让它吃橘子。你将使用计算机的鼠标来控制蝙蝠的移动！

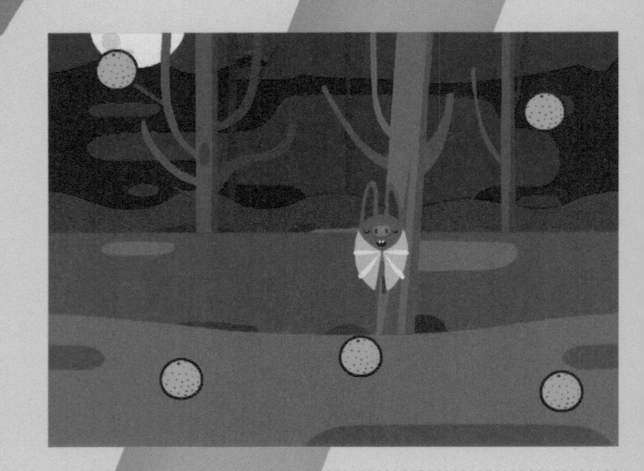

1. 删除猫

我们需要蝙蝠，不需要猫。点击角色右上角的“×”删除猫。

2. 添加角色

点击“**选择一个角色**”按钮。

3. 选择蝙蝠

浏览角色，找到蝙蝠的图片。

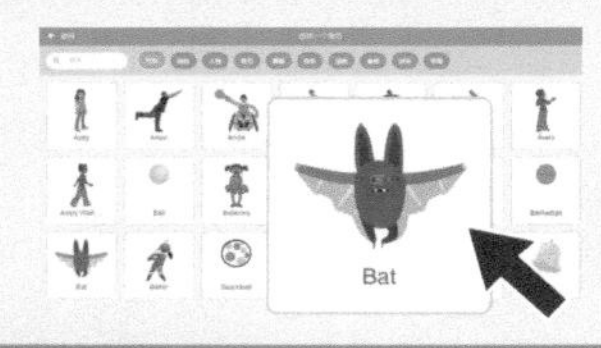

点击蝙蝠（Bat）的图片，将其添加为新角色。

4. 给蝙蝠添加代码

拖曳代码到代码区，让蝙蝠在舞台上飞行。

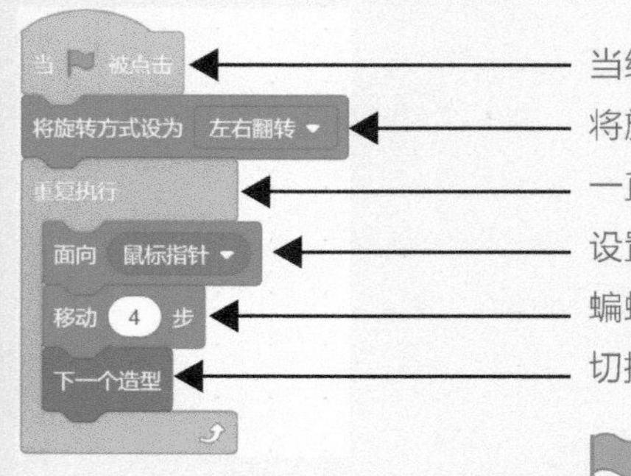

当绿旗被点击时运行以下代码。

将旋转方式设为左右翻转。

一直重复运行“重复执行”积木里的代码。

设置蝙蝠为面向鼠标指针的方向。

蝙蝠向鼠标指针的方向移动。

切换造型，让蝙蝠看起来在飞行。

点击绿旗测试代码。蝙蝠应朝着鼠标指针飞行。移动鼠标，让蝙蝠在舞台上飞行。

5. 添加角色

点击“**选择一个角色**”按钮。

6. 选择橘子

浏览角色，找到橘子的图片。

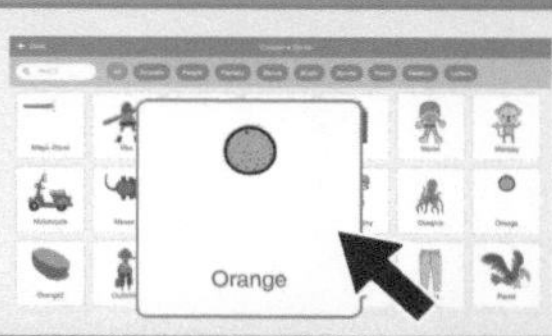

点击橘子（Orange），将其添加为新角色。

7. 给橘子添加代码

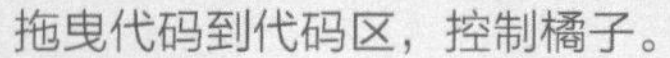

拖曳代码到代码区，控制橘子。

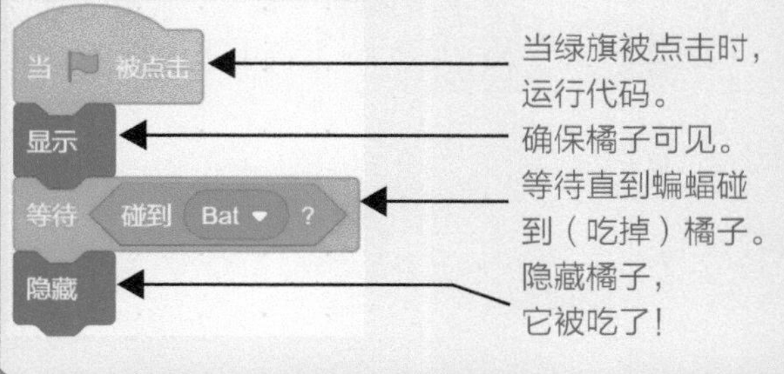

当绿旗被点击时，运行代码。
确保橘子可见。
等待直到蝙蝠碰到（吃掉）橘子。
隐藏橘子，它被吃了！

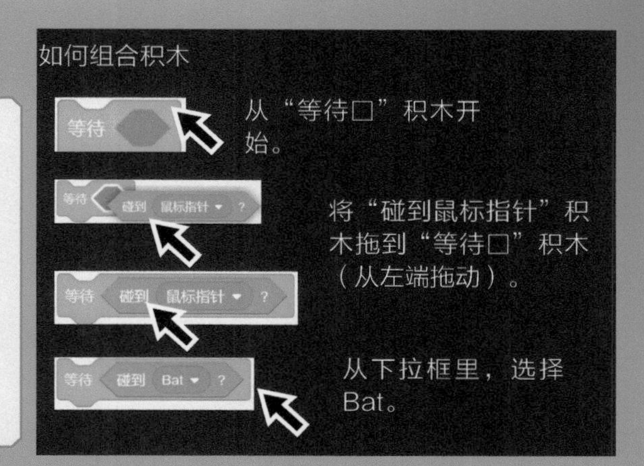

如何组合积木

从“等待□”积木开始。

将“碰到鼠标指针”积木拖到“等待□”积木（从左端拖动）。

从下拉框里，选择Bat。

8. 添加更多的橘子

右键点击角色列表里的 Orange 角色。

点击“**复制**”。

重复这个步骤，直到一共有5个橘子。

9. 散布橘子

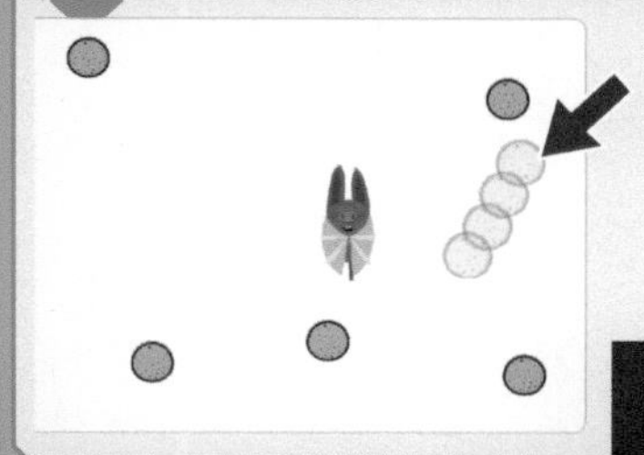

将橘子散布在舞台上。

如果你看不到新的橘子，首先点击绿旗，然后点击停止按钮。

10. 添加背景

点击“**选择一个背景**”按钮。

浏览角色，找到 **Woods**。

点击它，把它设置为背景。

测试代码。用鼠标指针控制蝙蝠在舞台上飞行，让它吃光所有的橘子！

在这个游戏里，你使用了“隐藏”积木和“显示”积木让角色看起来好像被吃掉。此外还使用了“等待□”积木和“碰到□”积木来判断一个角色是否碰到了另一个角色。最后，你学习了如何复制一个角色以创建多个可收集的对象。如果你准备好迎接新的挑战，请前往第 13 页创建“恐龙的晚餐”游戏。

Kiran 和魔法水晶

这是另一个收集类游戏。勇敢的宇航员 Kiran 在太空旅行，收集魔法水晶。你将使用在上一个游戏中学习到的知识来复制多个角色。你还会使用一种新的循环和特效让魔法水晶发光。

1. 删除猫

太空不适合猫。点击“×”删除猫。

2. 添加角色

点击“**选择一个角色**”按钮。

3. 选择 Kiran

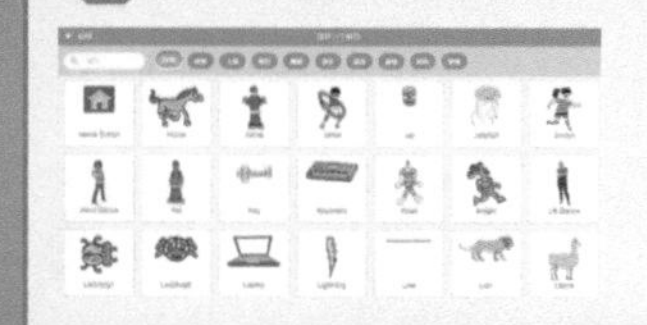

浏览角色，找到角色 **Kiran**。

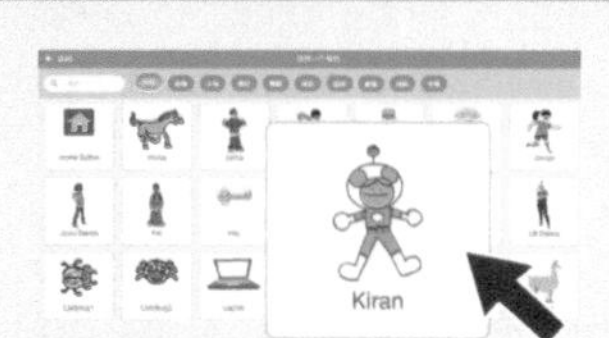

点击 **Kiran**，把它添加为新角色。

4. 给 Kiran 添加代码

拖曳代码到代码区，让 Kiran 飞起来。

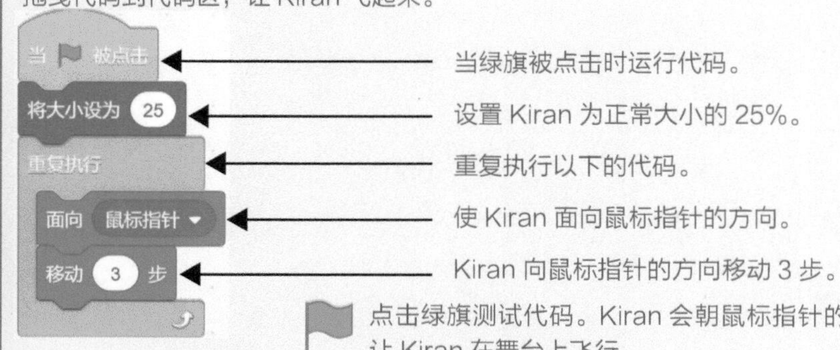

当绿旗被点击时运行代码。

设置 Kiran 为正常大小的 25%。

重复执行以下的代码。

使 Kiran 面向鼠标指针的方向。

Kiran 向鼠标指针的方向移动 3 步。

点击绿旗测试代码。Kiran 会朝鼠标指针的方向飞行。移动鼠标，让 Kiran 在舞台上飞行。

5. 添加角色

点击“**选择一个角色**”按钮。

6. 找到水晶

浏览角色，找到水晶（Crystal）角色。

点击它，把它添加为新角色。

7. 给水晶编程

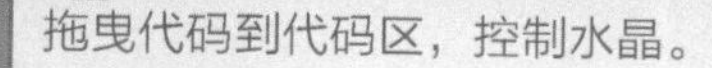

拖曳代码到代码区，控制水晶。

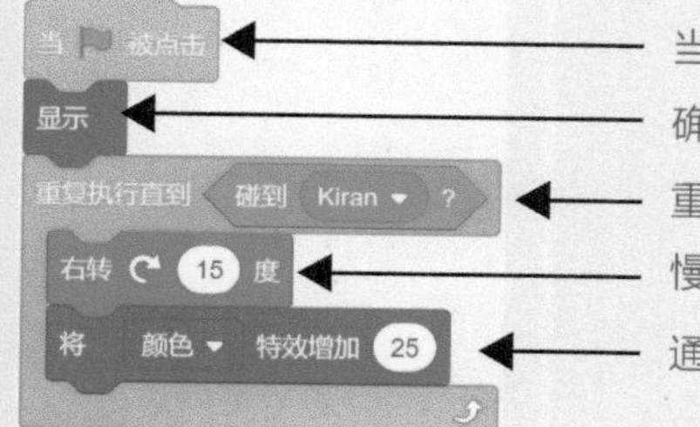

当绿旗被点击时运行代码。

确保水晶可见。

重复执行下面的代码，直到 Kiran 收集到水晶。

慢慢地旋转水晶。

通过改变颜色让水晶发光。

当 Kiran 碰到水晶时，让水晶消失。

前往第9页查看组合积木的帮助信息。

8. 添加多个水晶

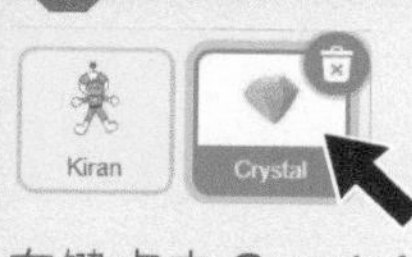

右键点击 **Crystal** 角色。

点击“**复制**”。

重复第8步，添加足够多的水晶并让水晶散布在舞台上。

9. 添加背景

点击“**选择一个背景**”按钮。

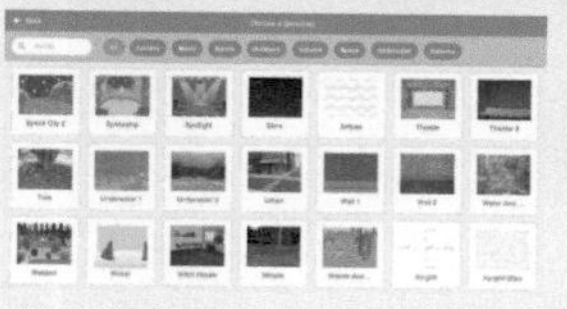

浏览背景，找到Stars。

点击它，把它设置为背景。

测试代码。用鼠标指针控制 Kiran 在舞台上飞行，收集魔法水晶。

在这个游戏里，Kiran 碰到水晶时，水晶就消失了。你使用了“重复执行直到”积木重复运行一些代码，直到找到每个水晶为止。这些代码创建了一个动画让游戏看起来更高级、更有趣。如果你准备好迎接新的挑战，请前往第 13 页创建“瑞普利和外星人”游戏。

挑战

在这一章，你学习了创作 Scratch 游戏的基本知识。你使用了循环重复执行代码，使用了“输入”积木来响应键盘和鼠标，通过移动和旋转积木来移动角色。你还使用了“隐藏”“显示”“下一个造型”“将颜色特效增加”积木来改变角色的外观。

挑战 1 小狗走路

看一下在小猫走路的游戏中代码是如何运行的。使用同样的方法编程，让小狗在舞台上走路。首先删除角色“猫”并添加角色“狗”。使用第 2 ~ 3 页的代码，让小狗在按下方向键时能够走路。

挑战 2 动物奥运会

“猫和老鼠”游戏展示了如何使用两个移动的角色创作游戏。尝试使用同样的想法创作一个 4 人游戏，查看动物角色，挑出 4 个来添加。选择不同的按键，让每一个动物能够移动。使用第 4 页的代码可以使每个动物在按下不同的键时移动。

挑战 3 空中鹦鹉

在Scratch里开始一个新项目，然后选择一个背景。删除角色“猫”，添加角色“鹦鹉”。使用在第6页“海中的鱼”所学到的，让鹦鹉在按下“←”键和“→”键时飞来飞去。使用“下一个造型”积木让鹦鹉拍打翅膀。

挑战 4 恐龙的晚餐

在“蝙蝠飞行”中，你使用几个角色创建了一个稍微复杂的游戏。创建一个新项目，使用不同的背景。添加角色“恐龙”，使用与蝙蝠相似的代码使恐龙移动。恐龙会吃些什么呢？鸡蛋？苹果？还是其他的恐龙？看一下第9页是如何给橘子编程的，使用同样的方法，让恐龙吃掉食物时，食物消失。

挑战 5 瑞普利和外星人

还记得Kiran和魔法水晶游戏是如何设计的吗？创建一个新游戏，让瑞普利在舞台上飞行。添加一些外星人（不是水晶）。使用水晶角色中的代码，让外星人旋转并改变颜色。尝试一些特效。当瑞普利碰到外星人时，外星人必须消失。使用第10页中类似的代码让这个游戏可以玩起来。

2 绘制背景和角色

在这一章，你将会学习绘制自己的背景和角色，使用代码来侦测一个角色是否碰到了另一个角色，使用坐标定位角色并将其移动。

选择颜色

在 Scratch 里调整一些滑块，你就可以调出自己想要的颜色。使用绘图编辑器中的调色板就可以做到。

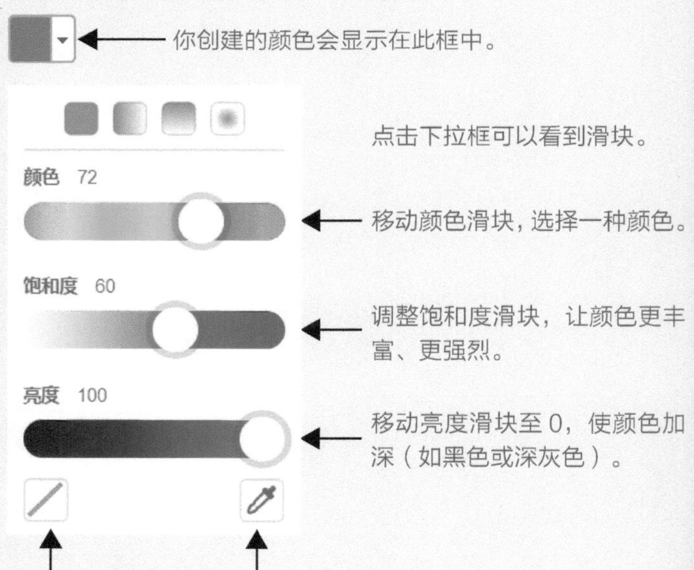

“碰到颜色”积木

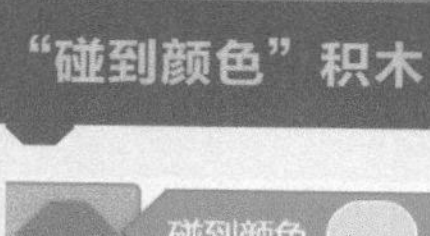

拖动“碰到颜色”积木到“重复执行直到”或“如果”积木。

当白色线出现时，把积木放下。

点击颜色。

在弹出框中选择吸管。

在舞台上移动鼠标，找到你想要的颜色，然后点击鼠标。

现在你就设置好颜色了！

这是检查角色在舞台上是否碰到颜色的方法。

设置 *x* 坐标和 *y* 坐标

“移到”积木将角色发送到舞台上一个特定的坐标处。

移到 x: 200 y: 120

(-240,180) (200,120) (240,-90) (-50,-100)

将x坐标增加 10

使用“将*x*坐标增加”和“将*y*坐标增加”积木移动角色。

顺流而下

在这个游戏里你会创建自己的背景，画一条让船航行的小河，需要确保船停在小河里。使用代码侦测船碰到的颜色，通过键盘来控制船的航向。

1. 删除猫

点击角色右上角的“×”删除猫。

2. 选择背景

在角色面板点击“**舞台**”图标（在屏幕的右下角）。

点击屏幕左上方的“**背景**”标签。

前往第14页查看如何设置颜色。

3. 开始绘制

点击“**转换为位图**”按钮（在此方式下绘图会简单一些）。

选择“**填充**”工具。

点击“**填充**”下拉框，绘图区设置为绿色。

点击绘图区，把整个区域填充为绿色。

4. 设置画笔样式

选择“**画笔**”工具。

选择蓝色。

在绘图区上方输入 100 使画笔变粗。

5. 绘制小河

使用“画笔”工具画出一条小河。确保小河足够宽可以让船通过（如果船很容易卡住，请来回画更多的“水”让河更宽）。

 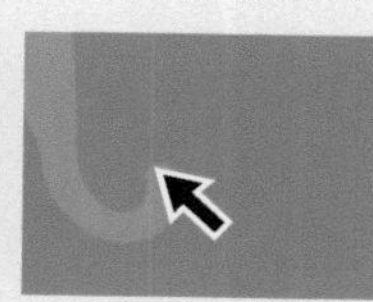 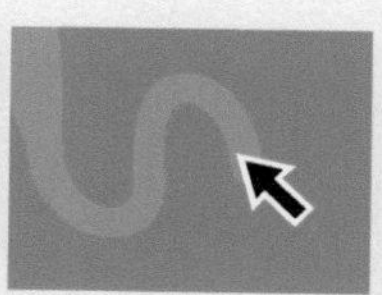 

绘图时如果不小心出错了，点击撤销按钮再试一次！

6. 添加角色

点击“**选择一个角色**”按钮。

7. 找到船

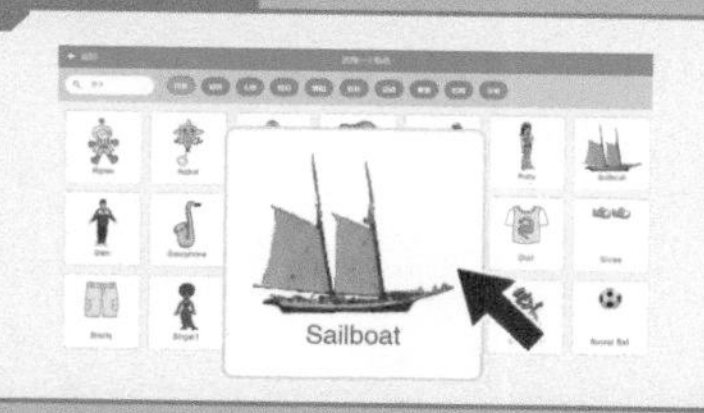

点击船（Sailboat），将其设置为新角色。

8. 添加代码让船移动

拖曳代码到代码区，让船移动。

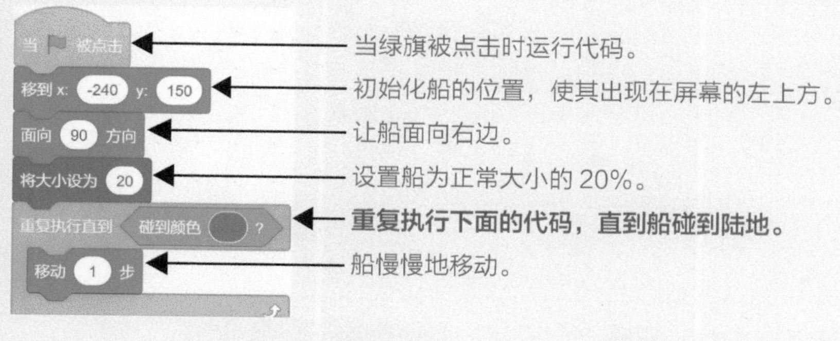

当绿旗被点击时运行代码。
初始化船的位置，使其出现在屏幕的左上方。
让船面向右边。
设置船为正常大小的 20%。
重复执行下面的代码，直到船碰到陆地。
船慢慢地移动。

使用吸管选择绿色。前往第15页获取帮助信息。

接下来再拖曳两个代码块。当我们按下“←”键或“→”键时，可以控制船的航向。

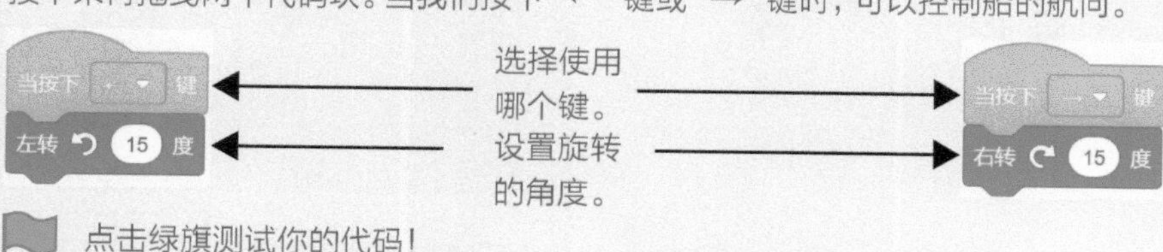

选择使用哪个键。
设置旋转的角度。

点击绿旗测试你的代码！

这个游戏展示了如何绘制背景。你使用了碰到颜色积木来检查一个角色是否碰到了背景的某一部分。在本书中你将用多种方式使用这个技术。准备好迎接挑战了吗？请前往第30页创建“行在路上”游戏。

怪物迷宫

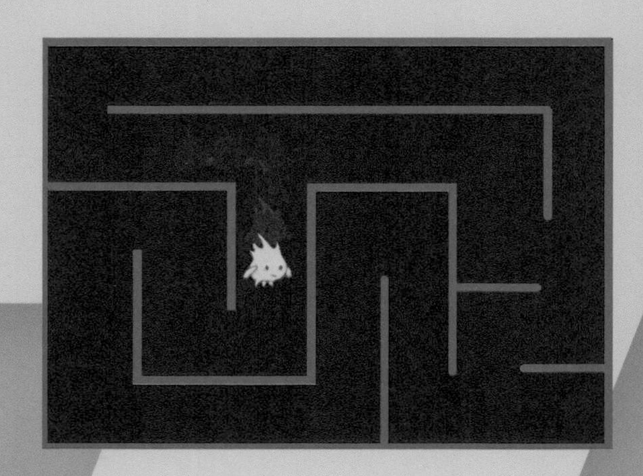

这个游戏会让你练习绘图的技巧。你将会使用代码来侦测角色是否碰到迷宫。你可以使用一种不同的方法让角色移动，循环会让角色一直移动。按下方向键可以改变角色移动的方向。

1. 删除猫

点击角色旁边的“×”删除角色。

2. 选择背景

在角色面板点击“**舞台**”图标（在屏幕的右下角）。

点击屏幕左上方的“**背景**”标签。

前往第14页查看如何设置颜色。

3. 开始绘制

点击“**转换为位图**”按钮。（在此方式下绘图会简单一些。）

选择“**填充**”工具。

点击“**填充**”下拉框，设置为黑色。

点击绘图区，把整个区域填充为黑色。

4. 设置线段样式

选择“**线段**”工具。

选择蓝色。

20

在绘图区上方输入 **20** 使线段变粗。

5. 添加墙壁

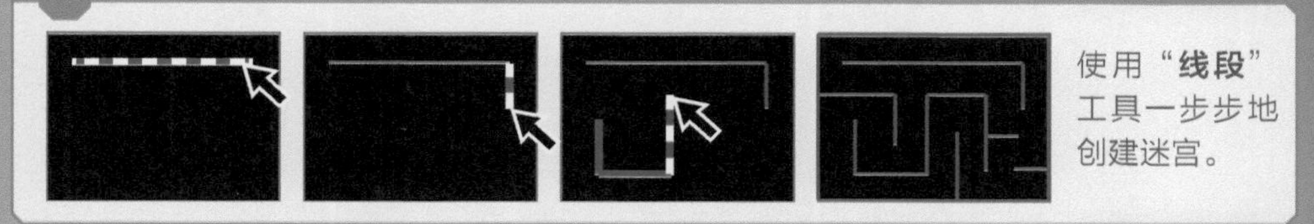

使用“**线段**”工具一步步地创建迷宫。

6. 添加角色

点击“**选择一个角色**”按钮。

7. 搜索 Gobo

点击**Gobo**，将其设置为新角色。

8. 添加代码让怪物移动

拖曳代码到代码区让怪物 Gobo 移动。

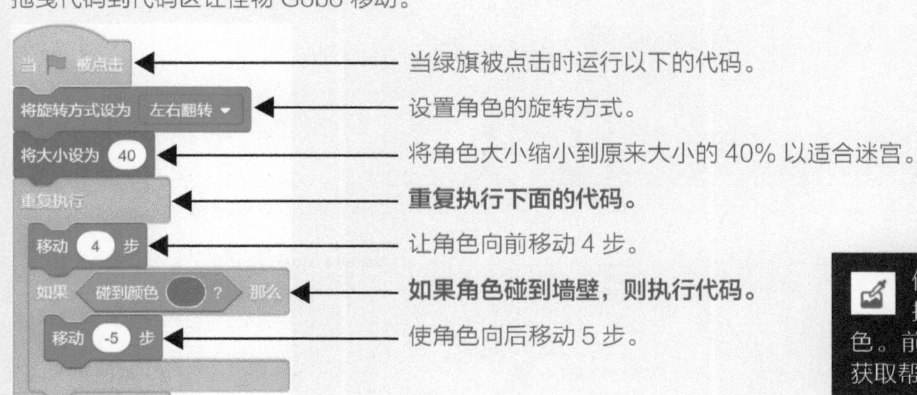

使用吸管选择墙壁的颜色。前往第15页获取帮助信息。

现在拖曳另外 4 个脚本，使角色在按下方向键时改变方向。

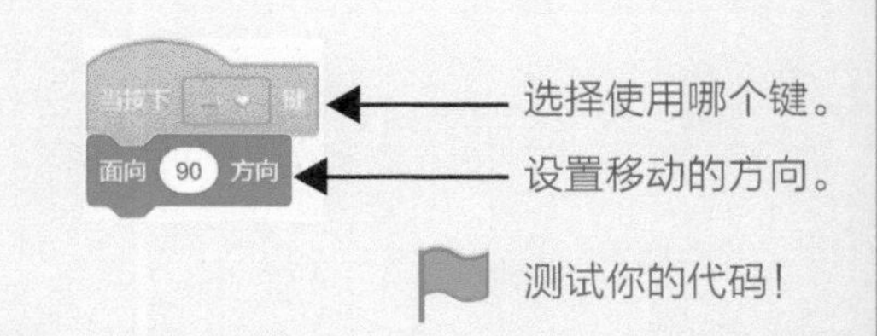

在这个游戏里，你创建了自己的迷宫背景。你使用了在“顺流而下”游戏里用到的碰到颜色积木，但使用了新的方法来移动角色，而且当角色碰到墙壁时会往回走。准备好迎接新的挑战了吗？请前往第 30 页，试着创建“魔法迷宫”游戏吧。

玩雪橇的企鹅

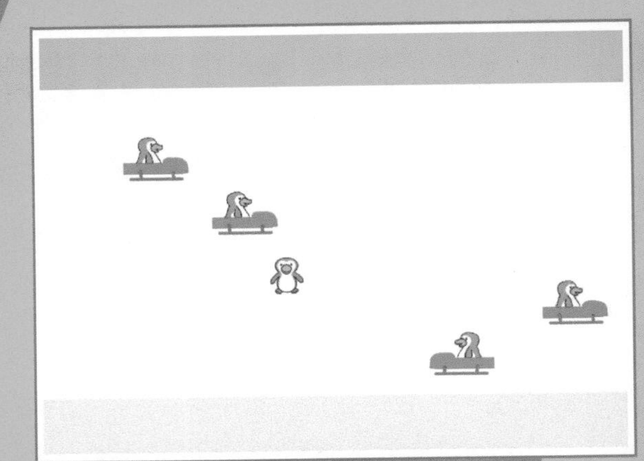

在这个冬天的穿越游戏中，企鹅在越过冰面时必须躲避雪橇才能到达另一侧的大海。被复制的4个雪橇在舞台上来回穿梭，检查它们是否撞到了企鹅。你将使用颜色测试来检查企鹅是否到达了大海。

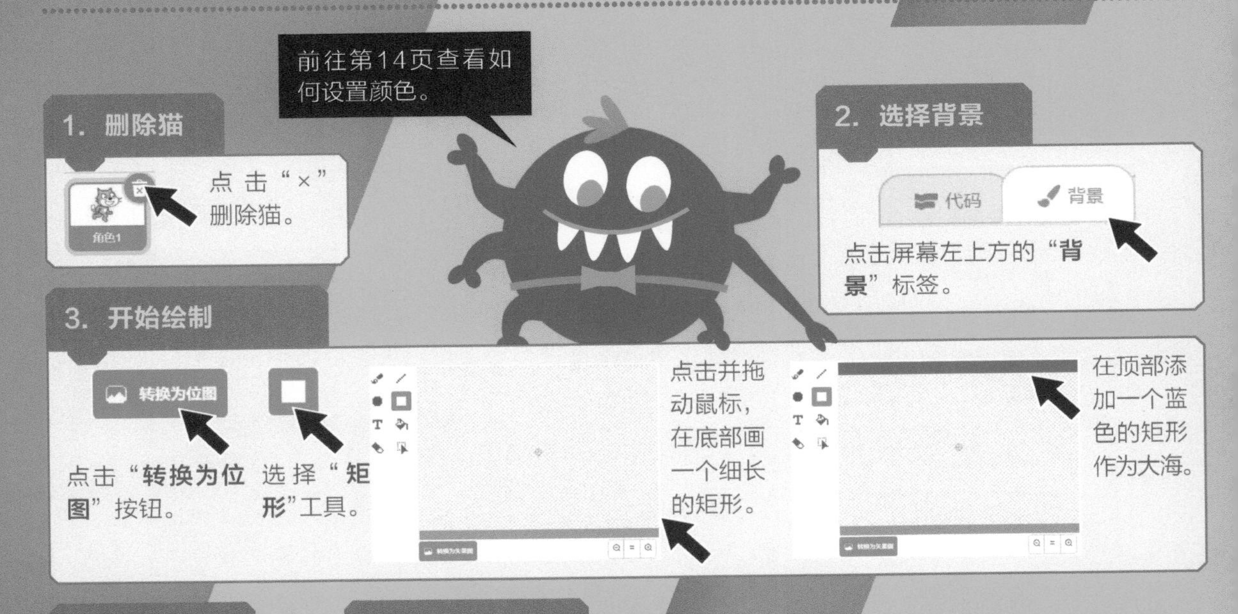

前往第14页查看如何设置颜色。

1. 删除猫

点击“×”删除猫。

2. 选择背景

点击屏幕左上方的“**背景**”标签。

3. 开始绘制

点击“**转换为位图**”按钮。

选择“**矩形**”工具。

点击并拖动鼠标，在底部画一个细长的矩形。

在顶部添加一个蓝色的矩形作为大海。

4. 添加角色

点击“**选择一个角色**”按钮。

浏览角色，点击企鹅（**Penguin 2**）。

5. 给企鹅编程

点击“**代码**”标签，拖曳以下代码到代码区。

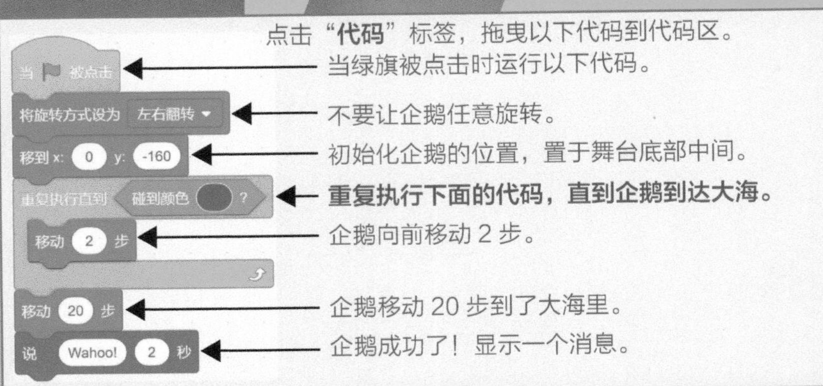

- 当绿旗被点击时运行以下代码。
- 不要让企鹅任意旋转。
- 初始化企鹅的位置，置于舞台底部中间。
- **重复执行下面的代码，直到企鹅到达大海。**
- 企鹅向前移动 2 步。
- 企鹅移动 20 步到了大海里。
- 企鹅成功了！显示一个消息。

6. 变换方向

添加更多的代码，当按下方向键时让企鹅变换方向。

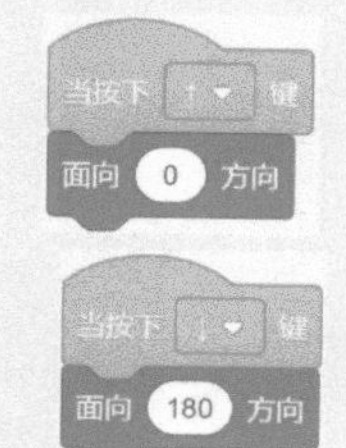

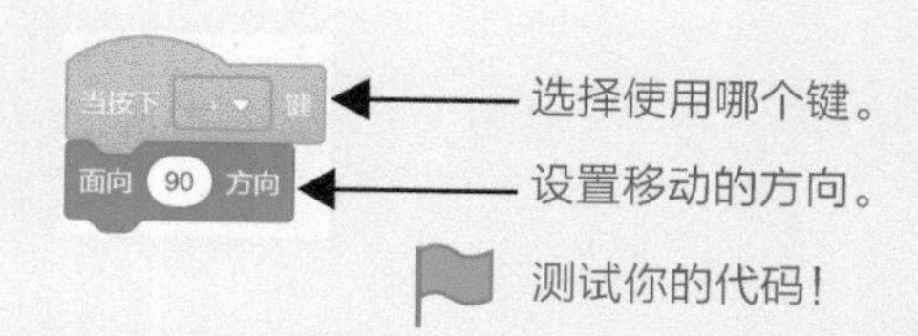

7. 添加雪橇

重复第 4 步，添加另外一只企鹅。

点击显示企鹅侧面的造型 **penguin2-c**。可在“造型”标签的造型列表里找到它。

点击“**转换为位图**”按钮。

选择“**画笔**”工具。

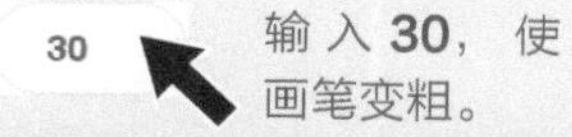

输入 **30**，使画笔变粗。

绘制一个简单的雪橇，使用“**线段**”工具添加滑雪板。

8. 给雪橇编程

点击“**代码**”标签，拖曳以下代码到代码区。

9. 添加更多的雪橇

在角色列表，右键点击雪橇（Penguin 3）。

点击“**复制**”。复制出来的企鹅出现在角色列表，在舞台上位于其上方。

复制更多的雪橇，将它们放到你想要放的地方。

点击绿旗测试你的代码。

准备好迎接挑战了吗？请前往第 31 页创建你的过马路游戏。

彩色弹球

在“彩色弹球”游戏中，你将基于迷宫的概念来创建更具挑战性和令人兴奋的游戏。你将创建小方块，在迷宫的墙壁间缓慢反弹，给玩家制造额外的障碍。程序会检查方块是否碰到了迷宫的墙壁。如果碰到了墙壁，方块的移动方向会进行180度的调整，反弹转向另一个方向。绿色方块作为玩家，必须在不能撞到红色方块的情况下穿过迷宫。

1. 删除猫

删除猫。

2. 选择背景

在角色面板点击“**舞台**”图标。

点击屏幕左上方的“**背景**”标签。

前往第14页查看如何设置颜色。

3. 开始绘制

点击“**转换为位图**”按钮。

选择“**填充**”工具。

选择品红色。

填充绘图区。

绘图时如果不小心出错了，点击撤销按钮再试一次！

4. 绘制小路

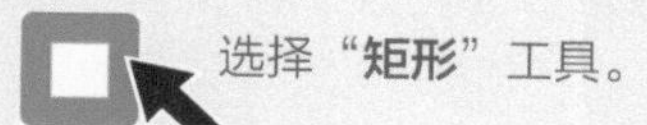
选择“**矩形**”工具。

选择浅灰色。

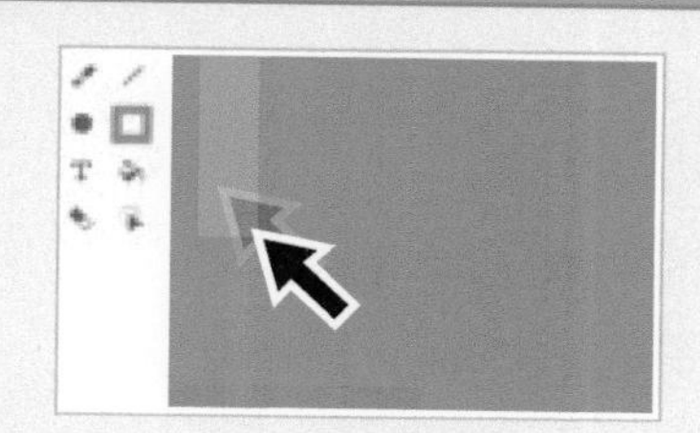

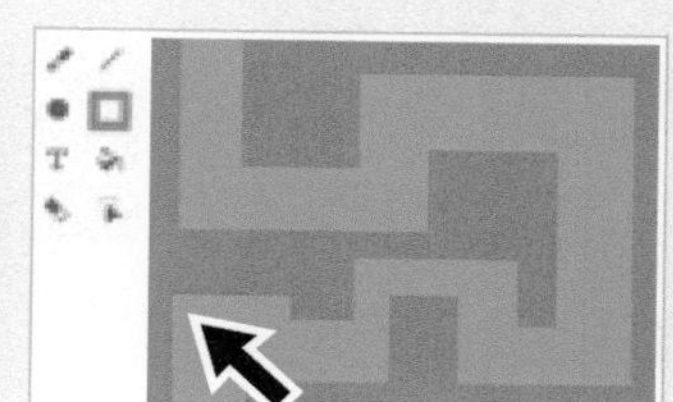

使用鼠标在屏幕上绘制路径。

5. 添加移动的方块

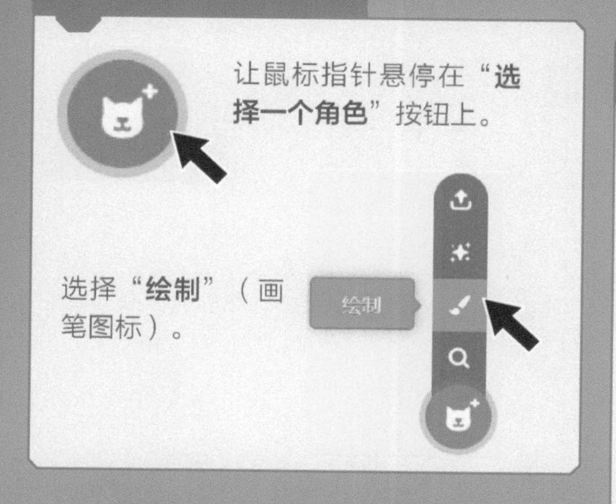

让鼠标指针悬停在“**选择一个角色**”按钮上。

选择“**绘制**”（画笔图标）。

6. 绘制方块

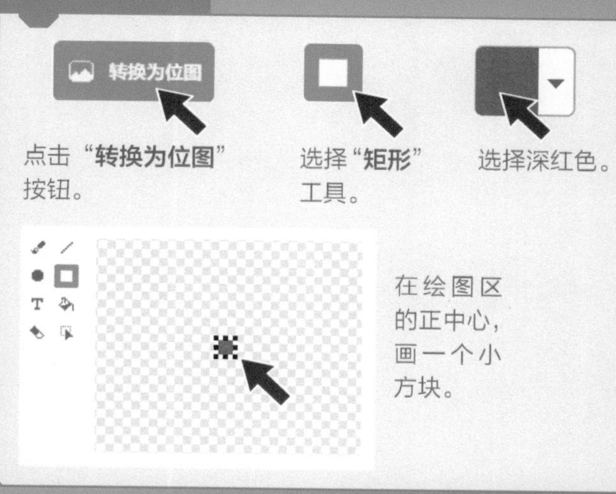

点击“**转换为位图**”按钮。

选择“**矩形**”工具。

选择深红色。

在绘图区的正中心，画一个小方块。

7. 添加代码让方块移动

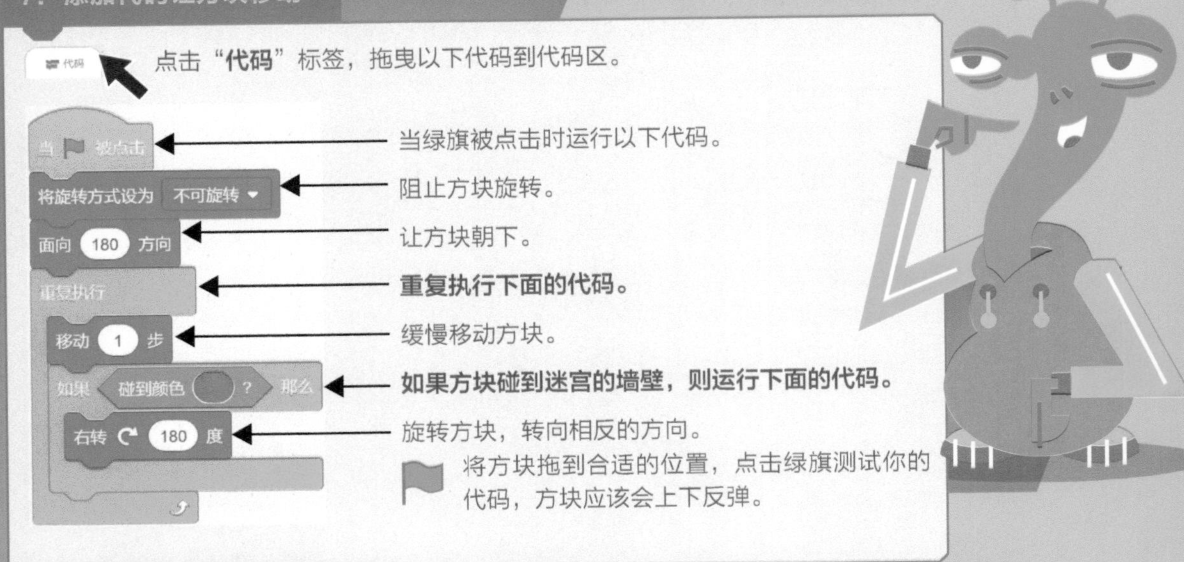

点击“**代码**”标签，拖曳以下代码到代码区。

当绿旗被点击时运行以下代码。

阻止方块旋转。

让方块朝下。

重复执行下面的代码。

缓慢移动方块。

如果方块碰到迷宫的墙壁，则运行下面的代码。

旋转方块，转向相反的方向。

将方块拖到合适的位置，点击绿旗测试你的代码，方块应该会上下反弹。

8. 复制方块

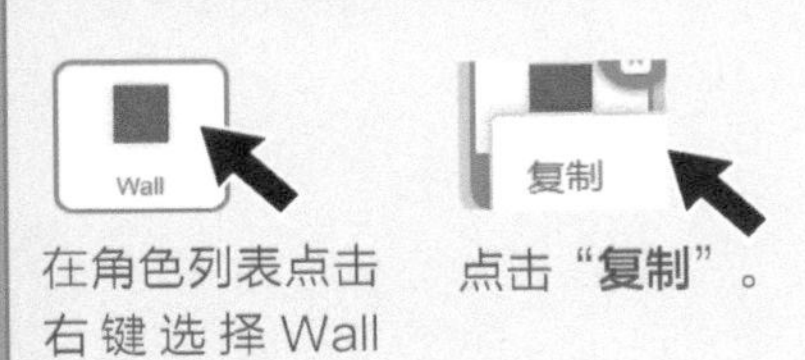

在角色列表点击右键选择 Wall（用该方块作为障碍物）。

点击“**复制**”。

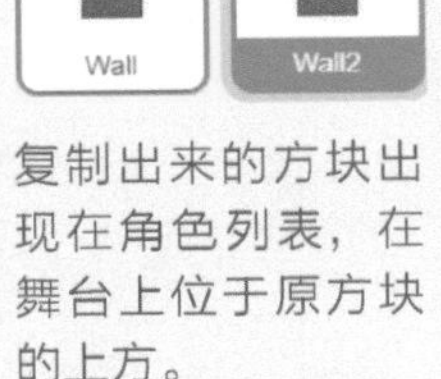

复制出来的方块出现在角色列表，在舞台上位于原方块的上方。

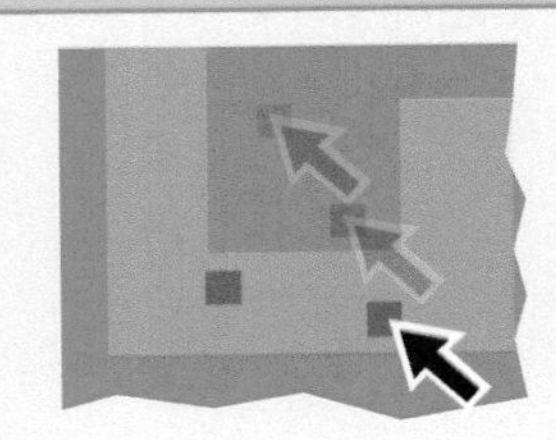

在舞台上，把方块拖到小路上。

9. 添加代码改变方向

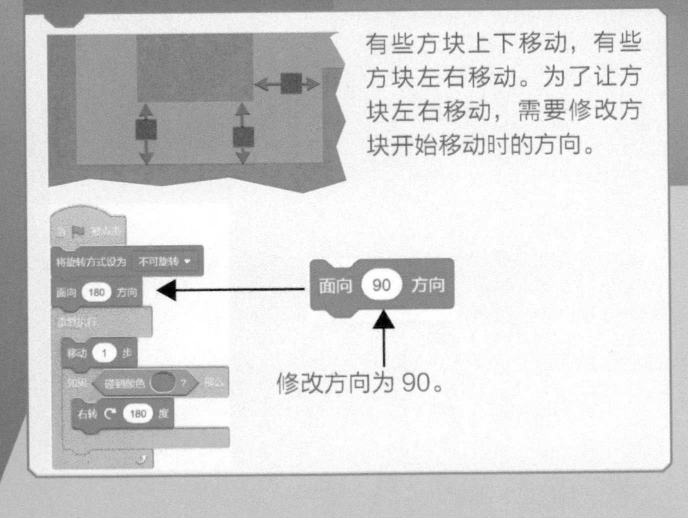

有些方块上下移动，有些方块左右移动。为了让方块左右移动，需要修改方块开始移动时的方向。

修改方向为 90。

10. 添加玩家

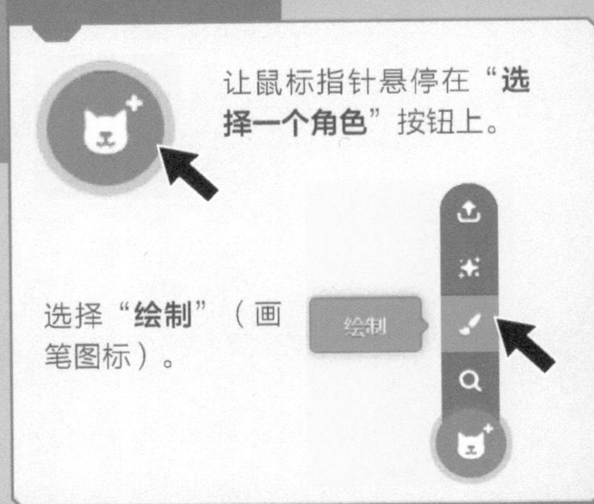

让鼠标指针悬停在“**选择一个角色**”按钮上。

选择“**绘制**”（画笔图标）。

11. 绘制玩家角色

点击“**转换为位图按钮**”。

选择“**矩形**”工具。

选择绿色。

在绘图区的正中心绘制玩家角色。它的大小和红色方块一样。

12. 添加代码控制玩家移动

点击“**代码**”标签，拖曳以下代码到代码区。

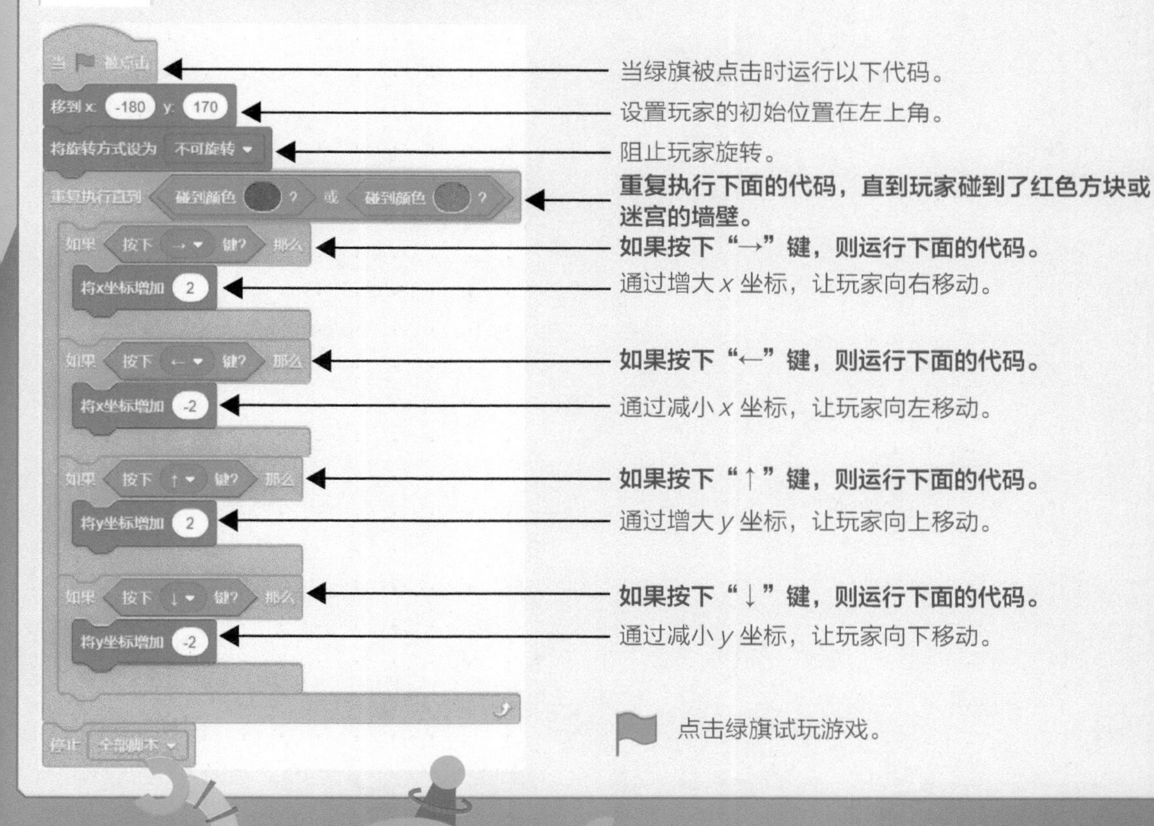

准备好迎接挑战了吗？请前往第 31 页创作“色彩指针”游戏。

赛车

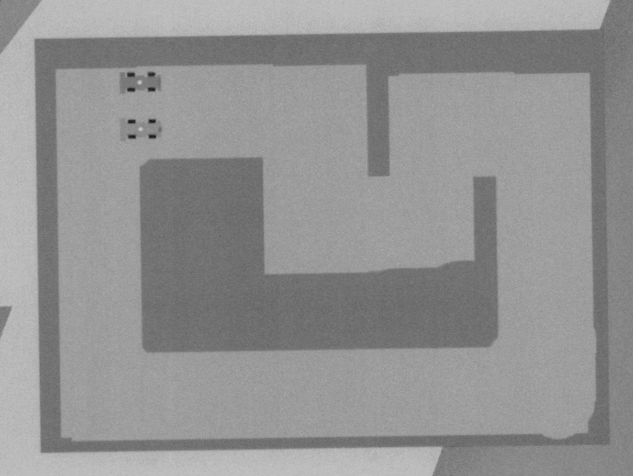

双人游戏玩起来更有趣，编程实现起来也相当简单。在这个游戏里，你将会设计一辆赛车并给它编程，然后复制创建另外一辆赛车。你还可以使用颜色侦测来确保汽车行驶在轨道上。

1. 删除猫

删除猫。

2. 选择背景

在角色面板点击“**舞台**”图标。

点击“**背景**”标签。

前往第14页查看如何设置颜色。

3. 绘制背景

点击“**转换为位图**”按钮。

选择“**填充**”工具。

点击“**填充**”下拉框，选择绿色。

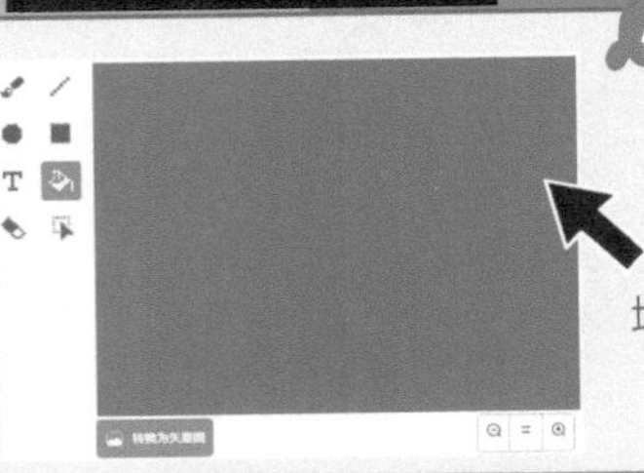

填充绘图区。

4. 绘制赛道

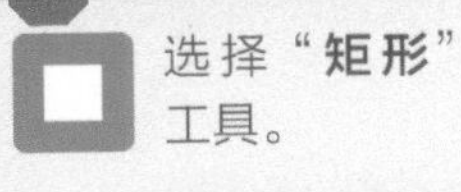

选择“**矩形**”工具。

选择灰色。

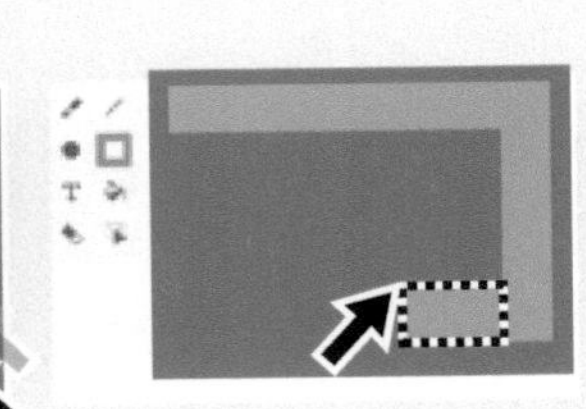

绘制一系列的矩形制作游戏的赛道。以后你可以随时修改，让赛道变得更宽或更窄。

5. 添加赛车角色

让鼠标指针悬停在“**选择一个角色**”按钮上。

选择“**绘制**”（画笔图标）。

绘图时如果不小心出错了，点击撤销按钮再试一次！

6. 绘制赛车

点击“**转换为位图**”按钮。

选择“**矩形**”工具。

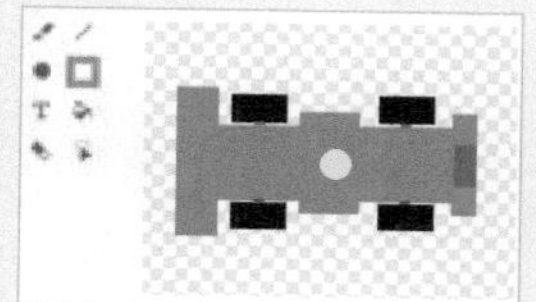

要绘制赛车，你首先需要画一个大矩形，以方便在上面添加更多细节。以后你可以用代码让赛车变小。请确保赛车几乎填满绘图区。

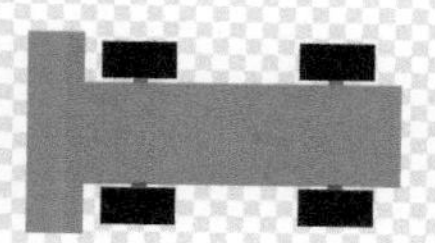

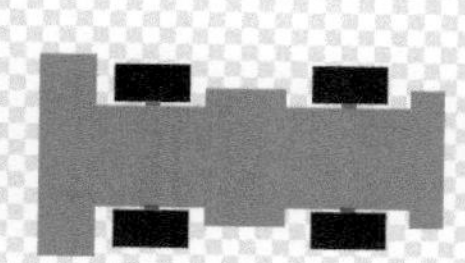

在赛车前面添加深红色的方框，它会帮助你来侦测碰撞。

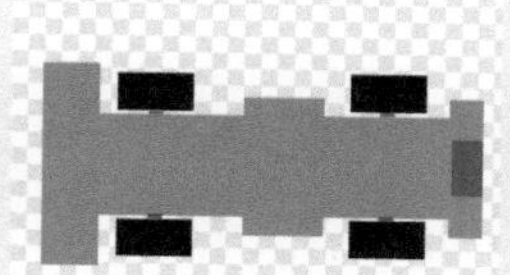

使用工具“**圆**”，添加一个黄色的驾驶员头盔。

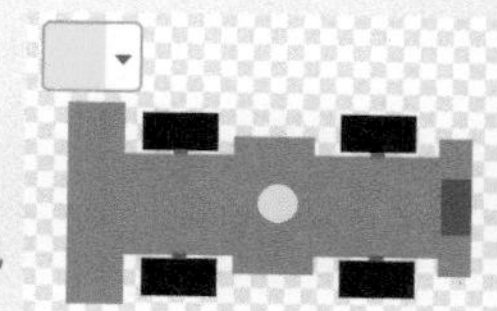

7. 给赛车编程

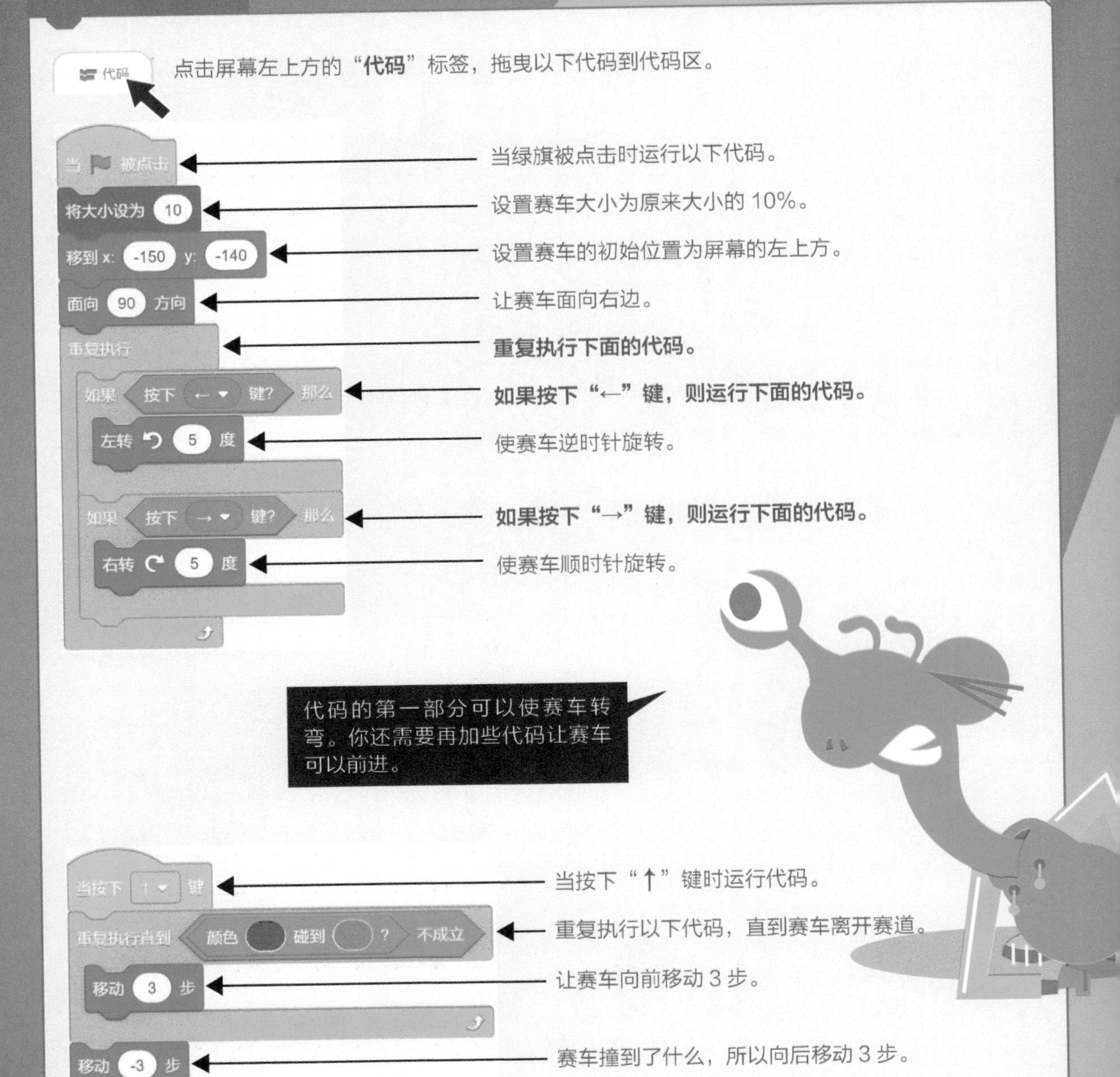

点击绿旗测试你的代码，按下“**↑**”**键**让赛车移动。使用“**←**”**键**和“**→**”**键**让赛车在赛道里转弯。如果赛车碰到了绿色，就会停下来，直到你再次按下“**↑**”**键**。

8. 添加第二辆赛车

在角色列表中，右键点击“**赛车**”角色。

点击“**复制**”选项。

9. 更改按键

你需要使用不同的按键来控制新赛车。

把 〈按下 ← 键?〉 修改为 〈按下 z 键?〉

把 〈按下 → 键?〉 修改为 〈按下 x 键?〉

把 〈当按下 ↑ 键〉 修改为 〈当按下 s 键〉

10. 设置新的颜色

点击“**造型**”标签。

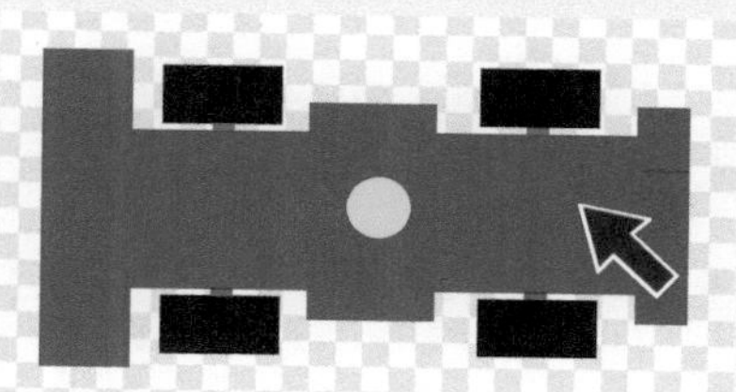

使用“**填充**”工具，更改第二辆赛车的车身颜色。（注意保留赛车前面深红色的方框！）

你已经学会了复制角色来创建简单的双人游戏。当你准备好迎接新挑战时，请前往第 31 页创建“月亮竞技”游戏。

挑战

本章教你如何通过绘制自己的背景和角色使你的游戏更加个性化。你使用了“碰到颜色”积木来检测角色何时碰到背景中的某种颜色，然后据此更改游戏中发生的事情。使用坐标来设置或更改角色的位置，可以让你更好地控制游戏。

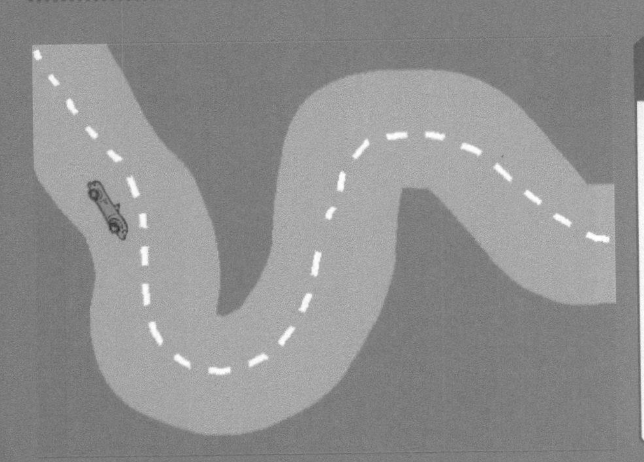

挑战 1 行在路上

使用在“顺流而下”中所学到的，创建一个类似的游戏。在这个游戏中，汽车必须沿着道路行驶。在绿色背景上画一条灰色的道路。添加汽车角色，参照第 16 页上的代码给汽车编程使其行驶，汽车碰到绿色时应该停车。

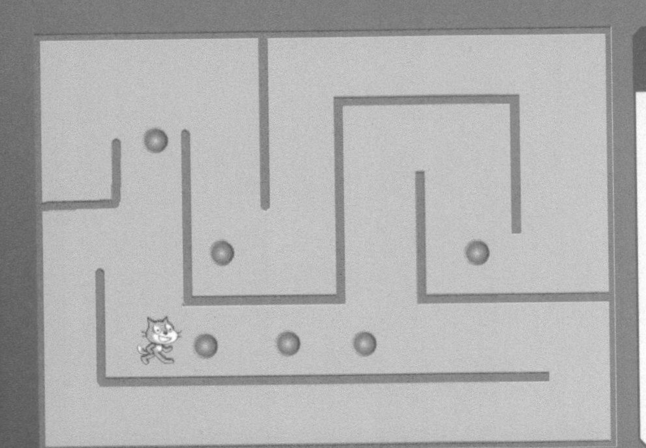

挑战 2 魔法迷宫

第 18 页的“怪物迷宫”游戏可以帮助你应对这一挑战。开始一个新项目并绘制自己的迷宫。使用代码让小猫绕迷宫移动，除非它撞到了迷宫的墙壁。游戏正常运行后，添加魔法珠宝让小猫收集。使用第 10 页的“Kiran 和魔法水晶”游戏中的做法，当小猫找到珠宝后，珠宝就消失了。

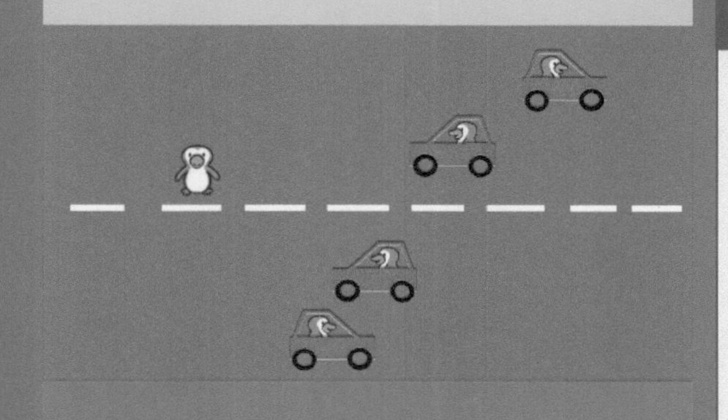

挑战 3 过马路

在 Scratch 中创建一个新项目。首先画一条穿过绘图区的道路，添加代码使企鹅在按下“↓”键时移动。参照第 21 页上的代码可以获取帮助。添加汽车角色，然后添加代码使其从左向右行驶（如雪橇移动的方式一样）。汽车功能实现后，将其复制，添加另一辆汽车。你的目标是让企鹅过马路，就像在“玩雪橇的企鹅”游戏中一样。

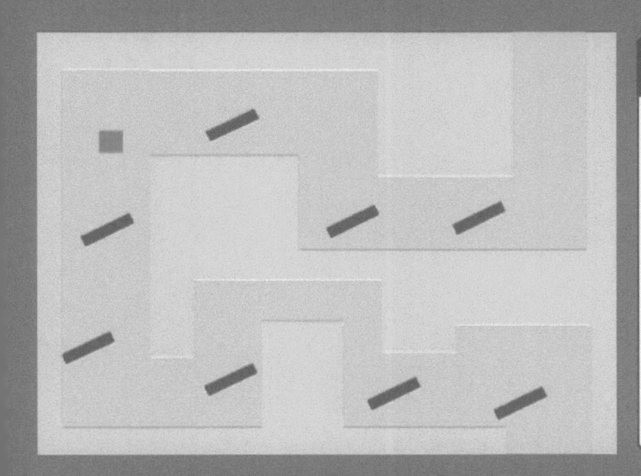

挑战 4 色彩指针

像在“彩色弹球”游戏中一样，绘制一条简单的小路。绘制一个紫色矩形的角色，添加代码使其缓慢旋转。在“重复执行”积木里放置“旋转 1 度”积木。再复制几个紫色矩形角色。将每个紫色矩形拖到小路上的不同的位置以创建移动障碍物。添加一个新的绿色方块角色作为玩家。添加代码，当按下方向键时让绿色方块角色移动（请参照第 21 页）。

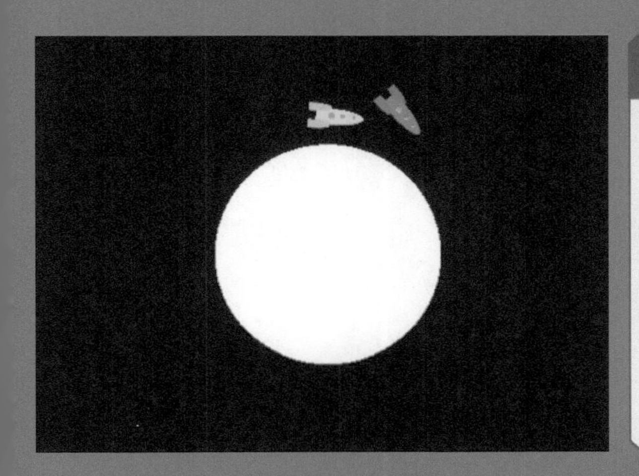

挑战 5 月亮竞技

创作类似于第 26 页上的“赛车”游戏。不用汽车，而是绘制一个火箭，添加代码使其移动并设置对其进行操控的按键。你需要更改“赛车”游戏中的代码，让火箭检查黑色而不是灰色。游戏正常运转后，复制添加另一个火箭。更改用于飞行的第 2 个火箭的按键。

3 什么是分数

为了使游戏更具吸引力，你可以进行如下操作。通过生成随机数来更改角色的移动方式，从而使游戏变得更加不可预测。你还可以增加时间限制，使玩家与时间竞赛，这样感觉更刺激。最重要的是，你将学习如何使用变量来显示游戏中的得分。

显示计时器

你可以在舞台上放上计时器，用来显示程序运行了多长时间。

点击“**侦测**”按钮。

找到“计时器”积木，点击前面的复选框。

计时器归零

这个积木将时间重置为0。

在游戏开始时使用这个积木重置计时器。

变量

变量是在程序中存储字符或数值的一种特别的方式。

Score 12

运算

变量

存储在变量中的值可以改变，这非常适合保存游戏中的得分。

你可以在“变量”组中找到与变量相关的积木。

将 Score ▾ 设为 0

将 Score ▾ 增加 1

使用这个积木使得分加1。

在游戏开始时使用这个积木把得分重置为0。

企鹅滑雪学校

在这个游戏中，企鹅必须避开树木来滑雪下山。你将使用现成的角色来制作滑雪的企鹅，你需要将树木随机地放置在舞台上。

1. 删除猫

点击“×”删除猫。

2. 添加企鹅角色

点击“**选择一个角色**”按钮。

浏览角色，点击企鹅(Penguin 2)。

3. 准备编辑

点击屏幕左上方的“**造型**”标签。

点击“**转换为位图**”按钮。

4. 设置线段工具

选择“**线段**”工具。

选择紫色。

输入**20**，使线段变粗。

5. 添加滑雪板

使用“线段”工具，给企鹅绘制两个滑雪板。

6. 添加帽子

使用“**画笔**”工具画一顶帽子。

7. 添加另一个角色

让鼠标指针悬停在“**添加一个角色**”按钮上。

点击“**绘制**”。

绘图时如果不小心出错了，点击撤销按钮再试一次！

8. 画一棵树

点击“**转换为位图**”按钮。

选择“**线段**”按钮。

选择绿色。

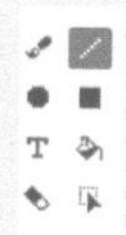

点击“**填充**”工具。

把树冠填充为绿色。

选择棕色。

选择“**矩形**”工具。

使用鼠标画出树干。

9．给树编程

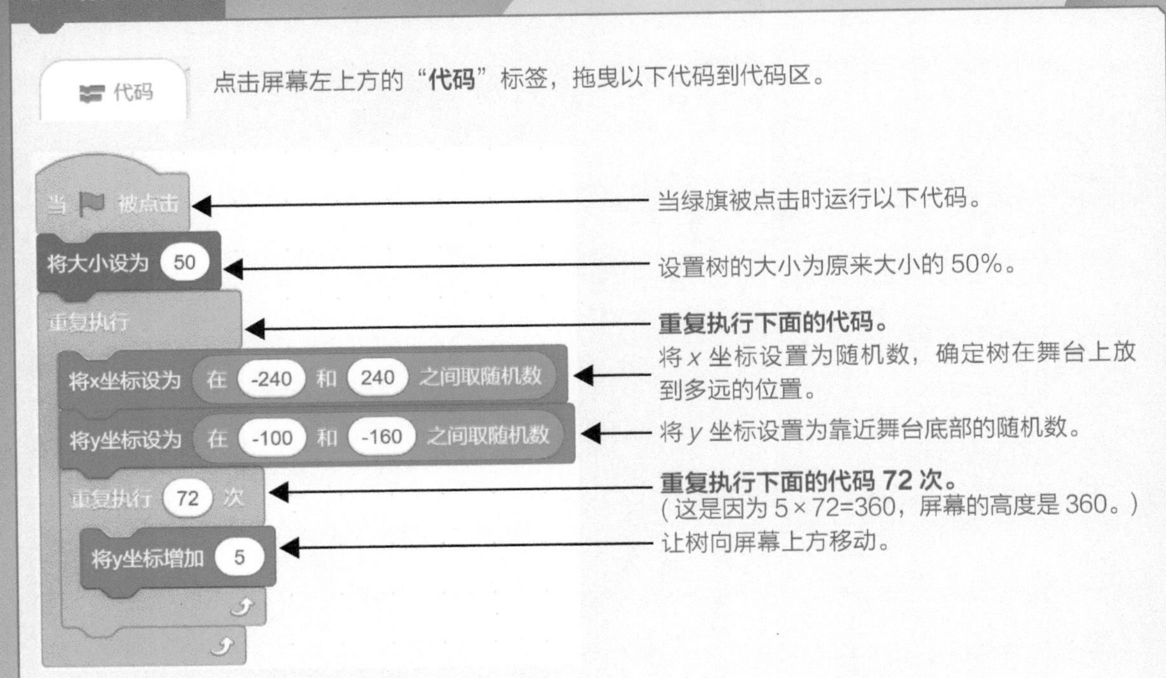

点击绿旗测试你的代码。目前只有树可以向舞台上方移动，到达舞台的顶部后，树就会从舞台底部的随机位置重新开始。

你已经给树编程完毕了，现在开始给企鹅编程吧。

10．选中企鹅

Tree Penguin

在角色列表里选择“**企鹅（Penguin）**”。

11. 给企鹅编程

拖曳以下代码到代码区。

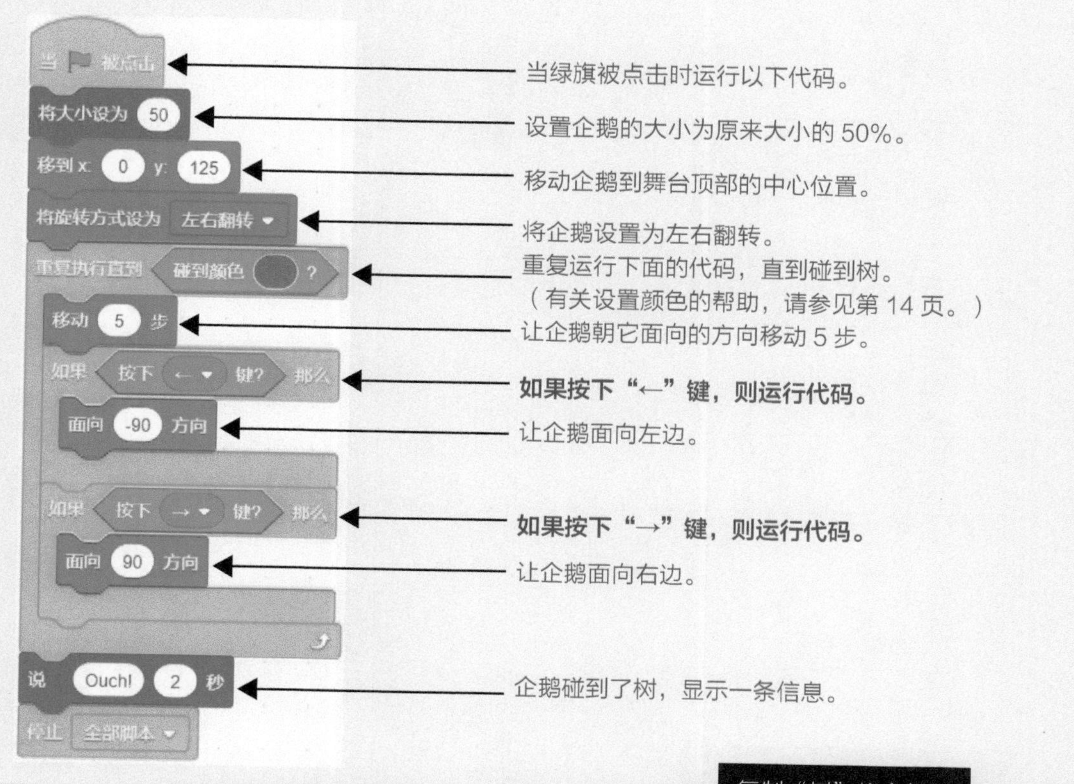

复制“树”将会复制其代码和图片。

12. 添加另一棵树

右键点击角色列表里“树(Tree)”的角色。

点击“**复制**”。

点击绿旗测试你的代码。当你避开树木时，请按“←”键和“→”键来操控企鹅。

这个游戏展示了如何使用随机数使你的游戏更加精彩。你可以尝试在上一章创作的一些游戏中使用这种技术。当你准备好迎接下一个挑战时，请前往第 54 页尝试创作“越野滑雪”游戏。

与鲨鱼共舞

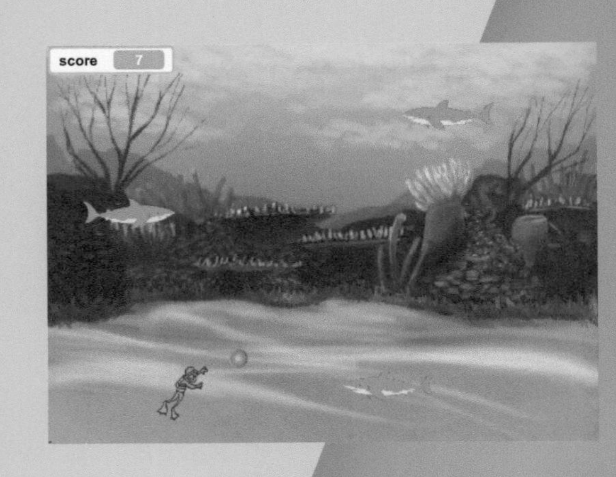

在这个游戏中，潜水员必须找到海中的所有宝贝，但需要避开四处游动的鲨鱼！你将使用鼠标控制潜水员。你还将创建多个鲨鱼角色，使游戏的难度更大。分数变量会记录找到的宝贝的个数。

1. 删除猫

猫不喜欢鲨鱼。点击角色右上角的“×”删除猫。

2. 添加背景

点击“**选择一个背景**”按钮。

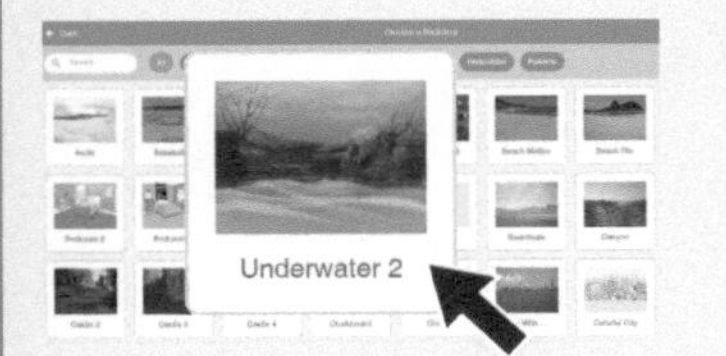

找到 **Underwater 2**，点击它，把它设置为背景。

3. 添加潜水员

点击“**选择一个角色**”按钮。

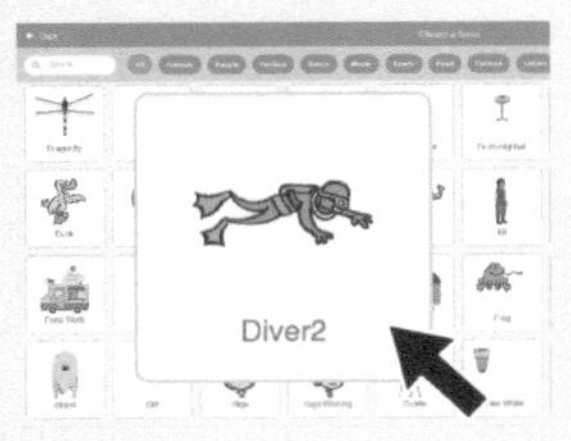

浏览角色，点击潜水员（**Diver2**）。

4. 给潜水员编程

拖曳以下代码到代码区。

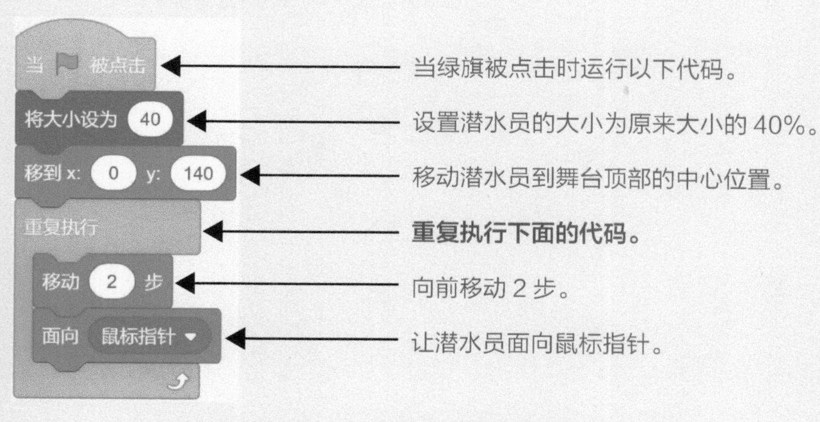

点击绿旗测试你的代码。当你在屏幕上移动鼠标指针时，潜水员应该朝着你的鼠标指针游去。

5. 添加宝贝

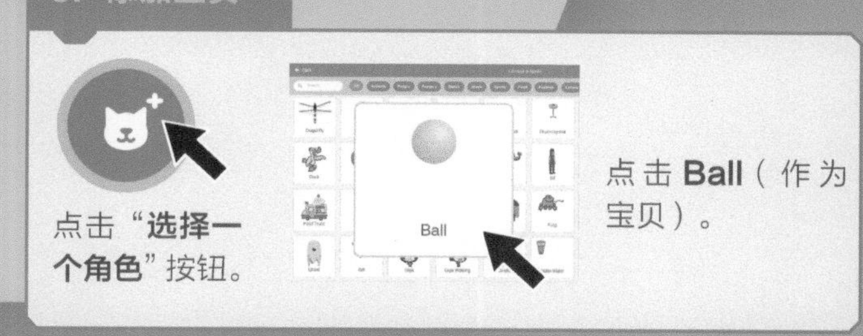

点击“**选择一个角色**”按钮。

点击 **Ball**（作为宝贝）。

6. 建立一个分数变量

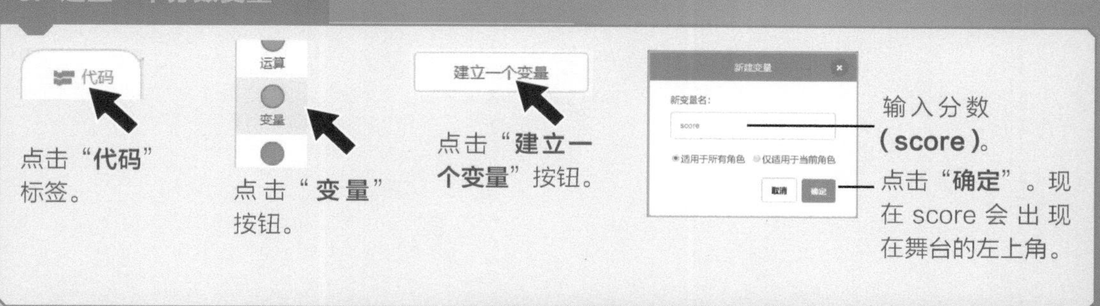

点击“**代码**”标签。

点击“**变量**”按钮。

点击“**建立一个变量**”按钮。

输入分数（**score**）。

点击“**确定**”。现在 score 会出现在舞台的左上角。

7. 导入音效

点击“**声音**”标签。

点击“**选择一个声音**”按钮（在左下方）。

浏览声音图标，找到**Fairydust**图标，点击导入。

8. 给宝贝编程

点击“**代码**”标签，拖曳以下代码到代码区。

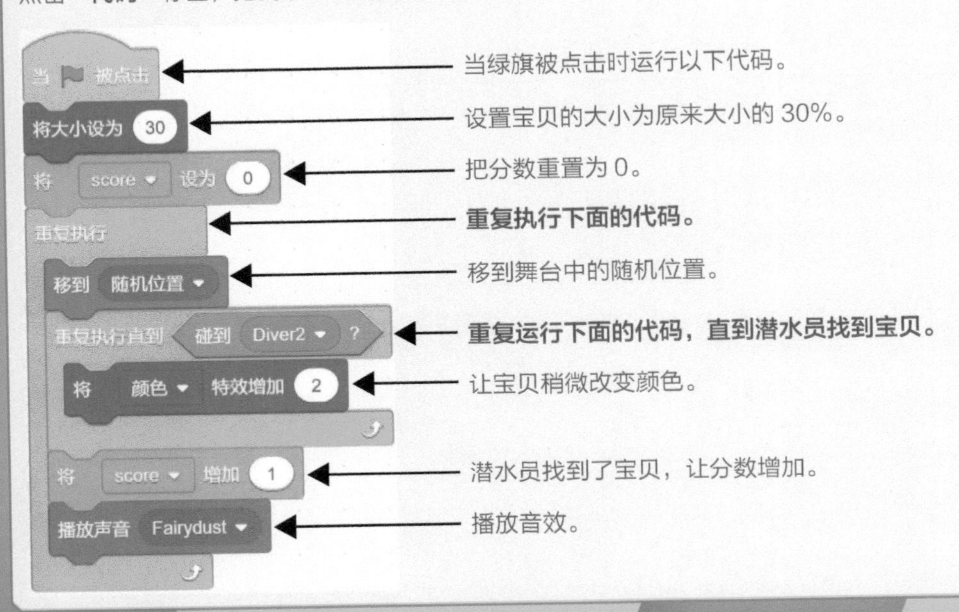

9. 添加鲨鱼

点击“**选择一个角色**”按钮。

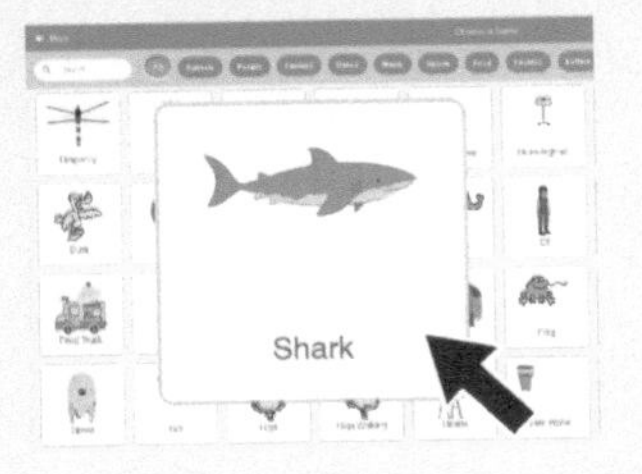

浏览角色图标，点击鲨鱼（**Shark**）。

10. 给鲨鱼编程

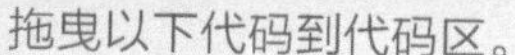

拖曳以下代码到代码区。

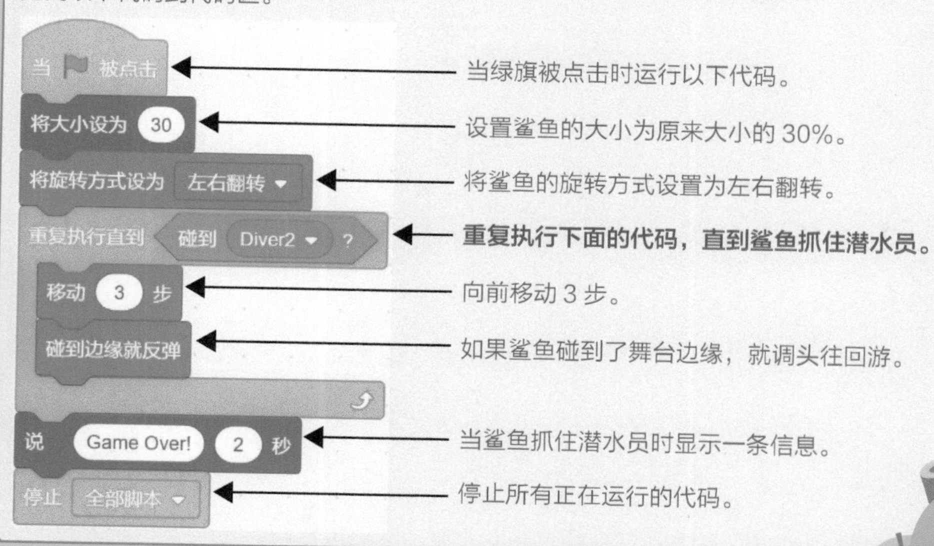

11. 添加更多的鲨鱼

右键点击角色列表里的鲨鱼（Shark）角色。

点击“**复制**”。

复制更多的鲨鱼并将它们分开。这样可以确保它们从不同的地方开始游动。

点击绿旗测试你的代码。

准备好迎接挑战了吗？请前往第 54 页创建你自己的“恐龙城市”游戏，从飞行的翼龙手里拯救人类。

水果捕手

这是一个基本的接物游戏。位于屏幕底部的玩家可以向左或向右移动。玩家的任务是接住掉下来的水果。你将使用一个变量来保存分数，使用一个计时器将游戏时间限制为 30 秒。如果要移动水果，需要更改其 *x* 坐标和 *y* 坐标。

1. 建立一个分数变量

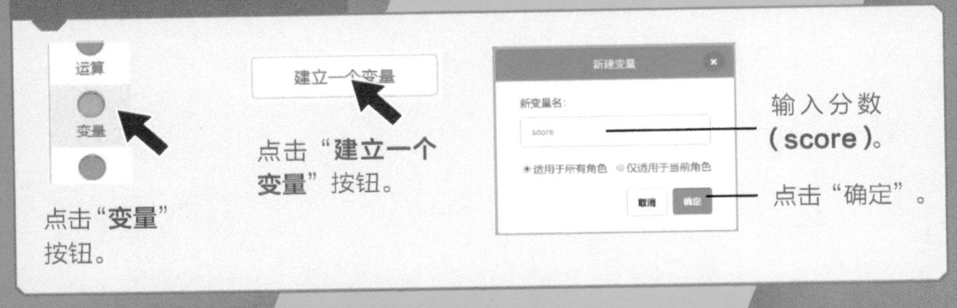

2. 显示计时器

这会将计时器放在屏幕上，用来显示游戏运行了多长时间。

3. 给猫编程

拖曳以下代码到代码区，让小猫移动。

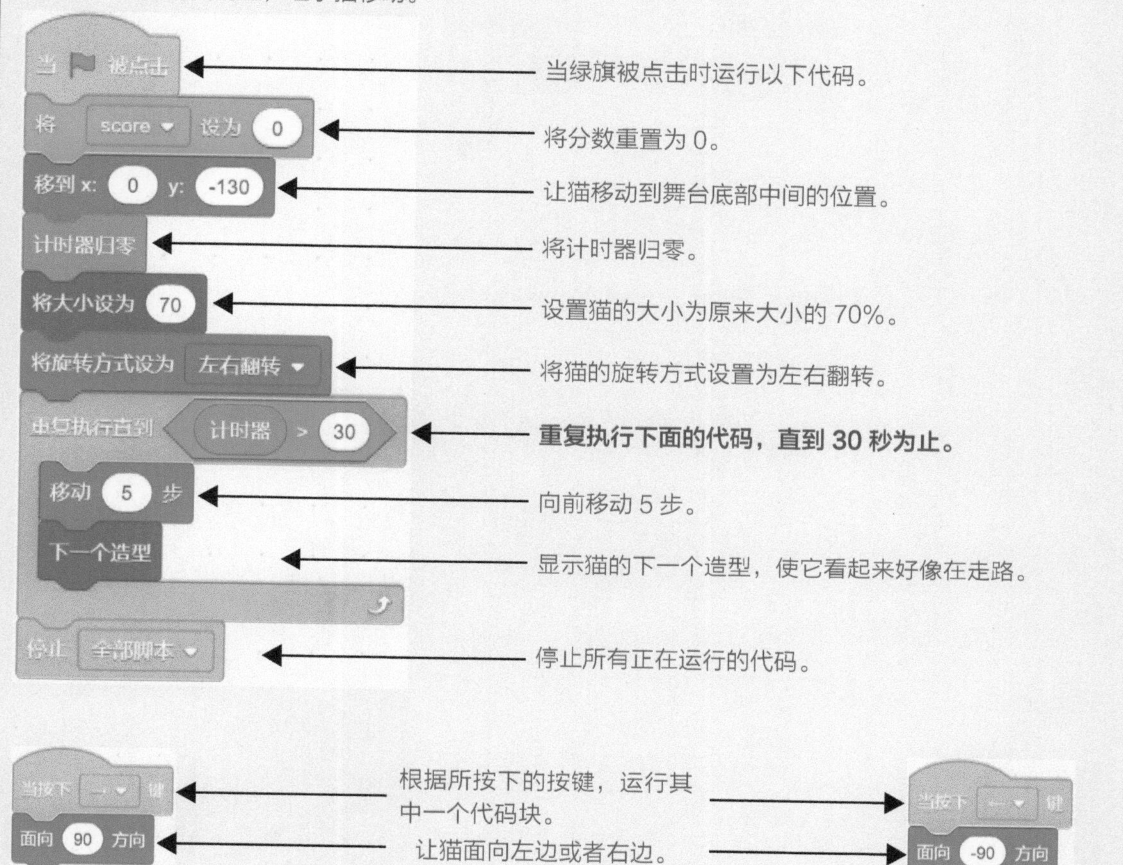

4. 添加背景

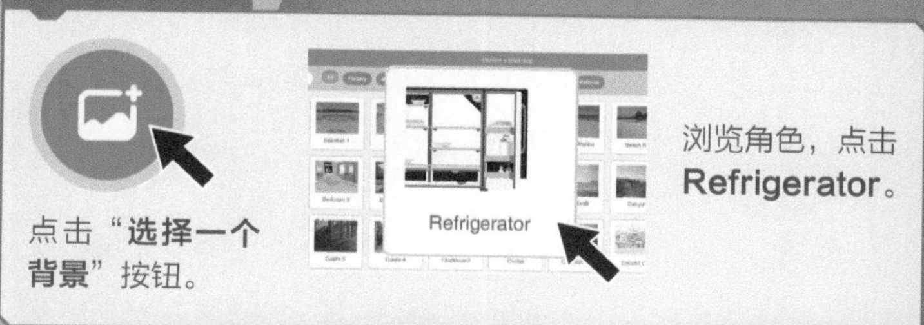

5. 添加角色

点击“**选择一个角色**”按钮。

浏览角色图标，点击 **Apple**。

现在，让我们添加一个角色作为下落的水果。你需要点击“选择一个角色”按钮，把角色换成不同的水果。在水果角色上，为每种水果各添加一个造型。“选择一个造型”按钮在“造型”标签的左下方。

6. 添加香蕉造型

点击“**选择一个造型**”按钮。

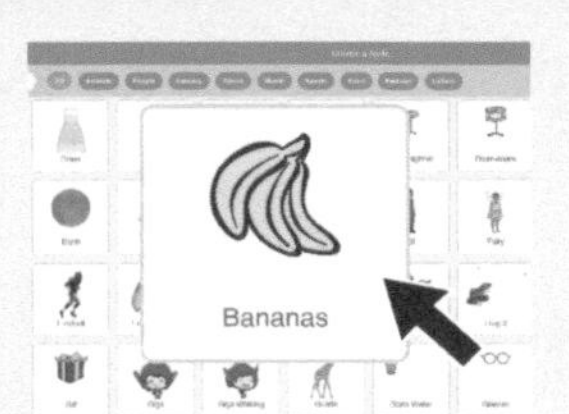

滚动浏览角色，点击 **Bananas**。

7. 添加更多的造型

点击“**选择一个造型**”按钮。

添加一个草莓（Strawberry-a）的造型。

点击“**选择一个造型**”按钮。

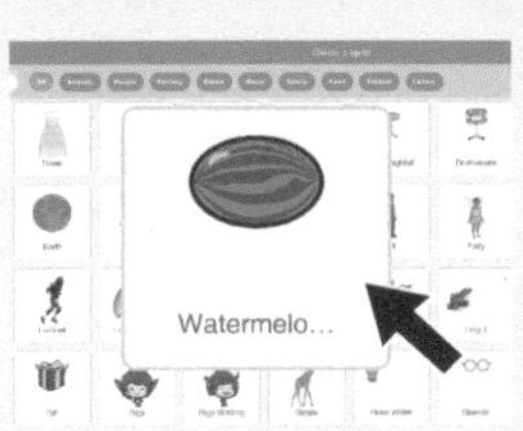

添加一个西瓜（Watermelon-a）的造型。

8. 给水果编程

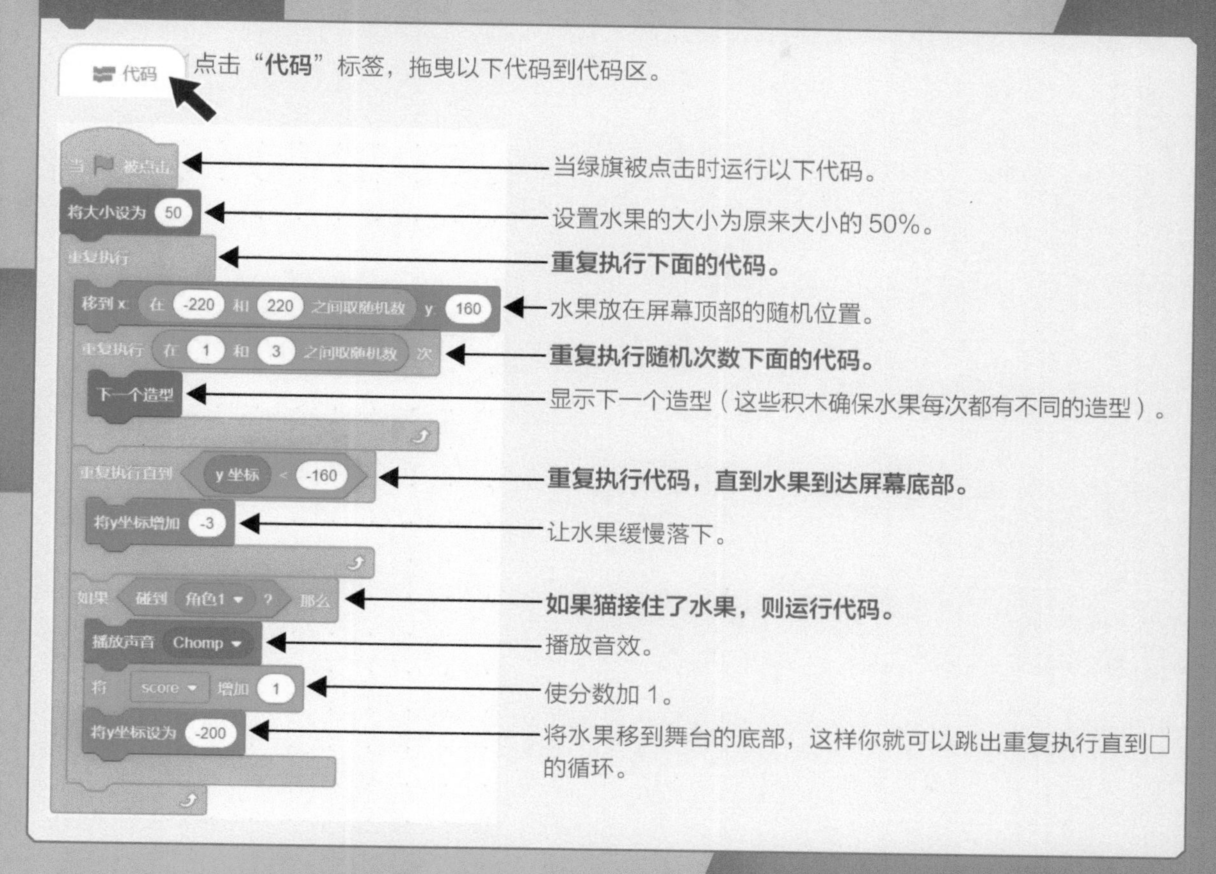

9. 添加更多的水果

现在前往第 55 页创建“神秘接物”游戏。

砖块戏法

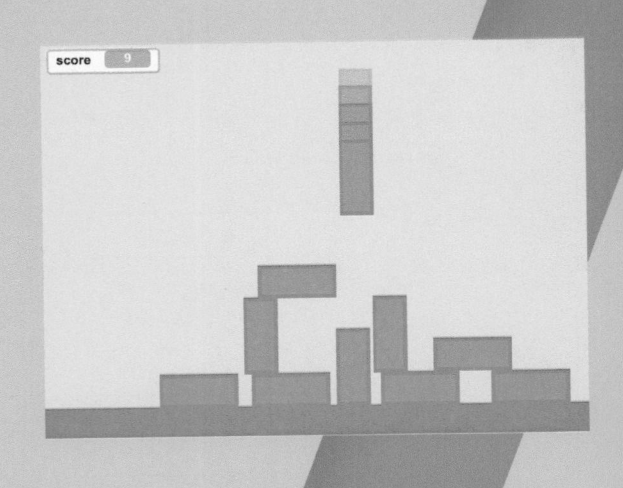

在诸如《俄罗斯方块》之类的许多游戏中，砖块从屏幕上方掉下来形成图案。在这个游戏中，玩家必须引导一块落下的砖块适应空间，目标是在舞台上放置尽可能多的砖块。当砖块到达底部或碰到另一块积木时，你只需要将其复制，放回舞台上即可。即使看起来游戏有很多砖块，它实际上也只有一个砖块！

1. 删除猫

点击“×”删除猫。

2. 选择背景

在角色面板点击“**舞台**”图标（在屏幕的右下角）。

点击屏幕左上方的“**背景**”标签。

3. 开始绘制

前往第14页查看如何设置颜色。

点击“**转换为位图**”按钮。

选择“**填充**”工具。

点击“**填充**”下拉框，把绘图区设置为浅蓝色。

填充绘图区。

4. 绘制地板

选择“**矩形**”工具。

选择红色。

在绘图区的底部，使用鼠标画一个细而长的矩形。

5. 绘制新的角色

让鼠标指针悬停在“**选择一个角色**”按钮上。

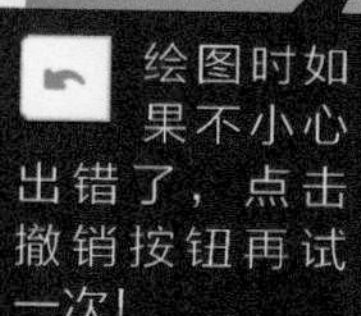

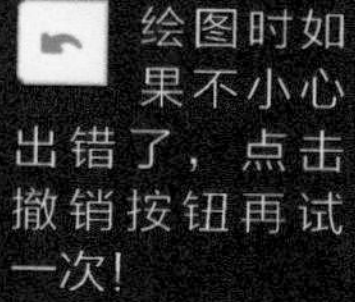

点击“**绘制**”。

绘图时如果不小心出错了，点击撤销按钮再试一次！

6. 绘制砖块

点击“**转换为位图**”按钮。

选择“**矩形**”按钮。

选择红色。

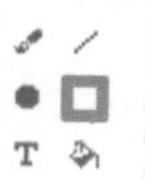

在绘图区的中心，画一个红色矩形。

选择橙色。

在红色矩形的里边，画一个橙色矩形。

现在你已经准备好背景和角色，现在该添加一些代码了！

7. 开始编程

点击屏幕左上方的“**代码**”标签。

8. 建立一个变量

点击“**变量**”。

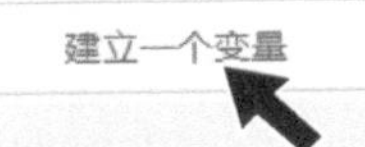

点击“**建立一个变量**”按钮。

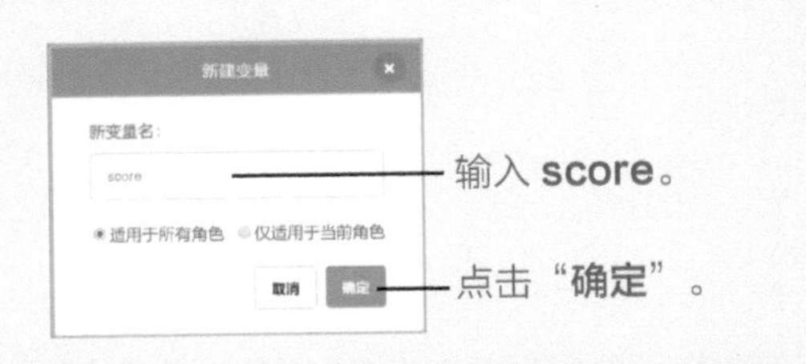

输入 **score**。

点击“**确定**”。

扩展是一组额外的积木。使用这些积木可以做一些特别的事情，如绘图、发出声音或连接到机器人。

9. 添加画笔扩展

点击“**添加扩展**”按钮（在屏幕的左下方）。

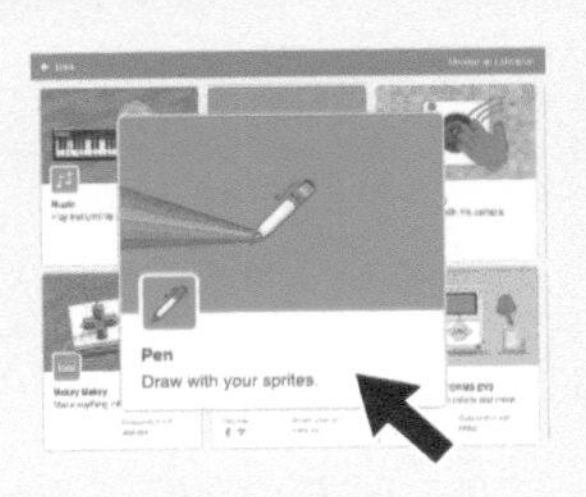

点击“**画笔（Pen）**”。

10. 主要的代码

拖曳以下代码到代码区。

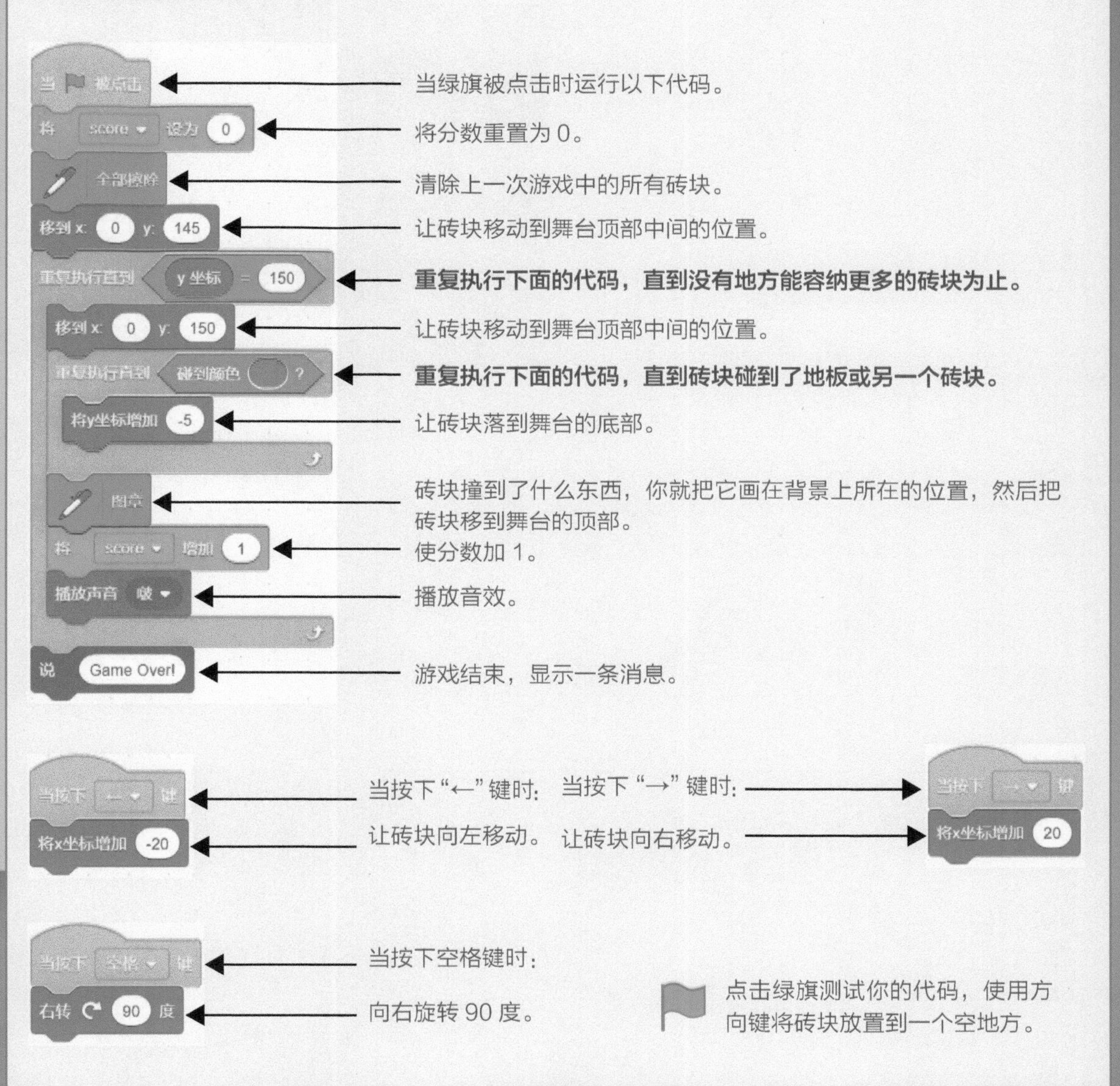

尽管本游戏只有一个角色，但“画笔”扩展的代码可让你在游戏运行时一遍又一遍地使用它。通过使用图章命令，砖块停下的位置将成为背景的一部分。当你准备升级这个游戏时，请前往第 55 页迎接挑战创作“随机砖块戏法”！

彩色之墙

许多游戏会使用简单的彩色图形作为障碍物。通常在这些游戏中，玩家必须经过一系列彩色障碍物才能达到目标。在这个游戏中，你将使用克隆来创建向玩家移动的墙。为了使游戏变得越来越难，每次添加的新墙都会变大。你还将提高音效的音调，这样会增加游戏的紧张感！

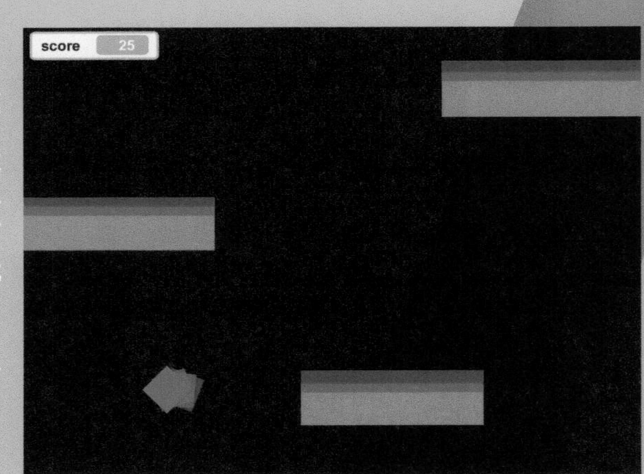

1. 删除猫

点击“×”删除猫。

2. 选择背景

在角色面板点击“**舞台**”图标（在屏幕的右下角）。

点击屏幕左上方的“**背景**”标签。

前往第14页查看如何设置颜色。

3. 把背景填充为黑色

点击“**转换为位图**”按钮。

选择“**填充**”工具。

点击“**填充**”下拉框，设置为黑色。

填充绘图区。

4. 添加墙角色

让鼠标指针悬停在“**选择一个角色**”按钮上。

选择“**绘制**”。

5. 绘制墙

点击“**转换为位图**”按钮。

选择“**矩形**”工具。

选择红色。

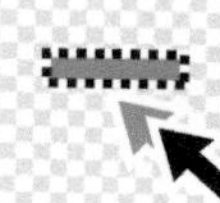

画一个长大约为绘图区宽度25%的矩形，确保它在中间。

6. 建立一个变量

点击“**变量**”。

点击“**建立一个变量**”按钮。

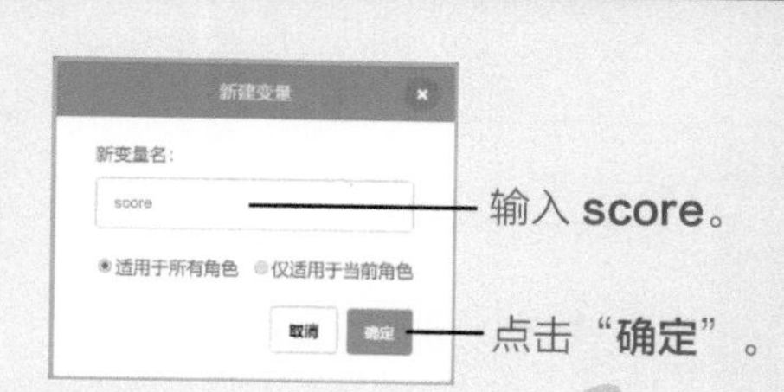

输入 **score**。

点击“**确定**”。

7. 编程

点击“**代码**”标签，拖曳以下代码到代码区。

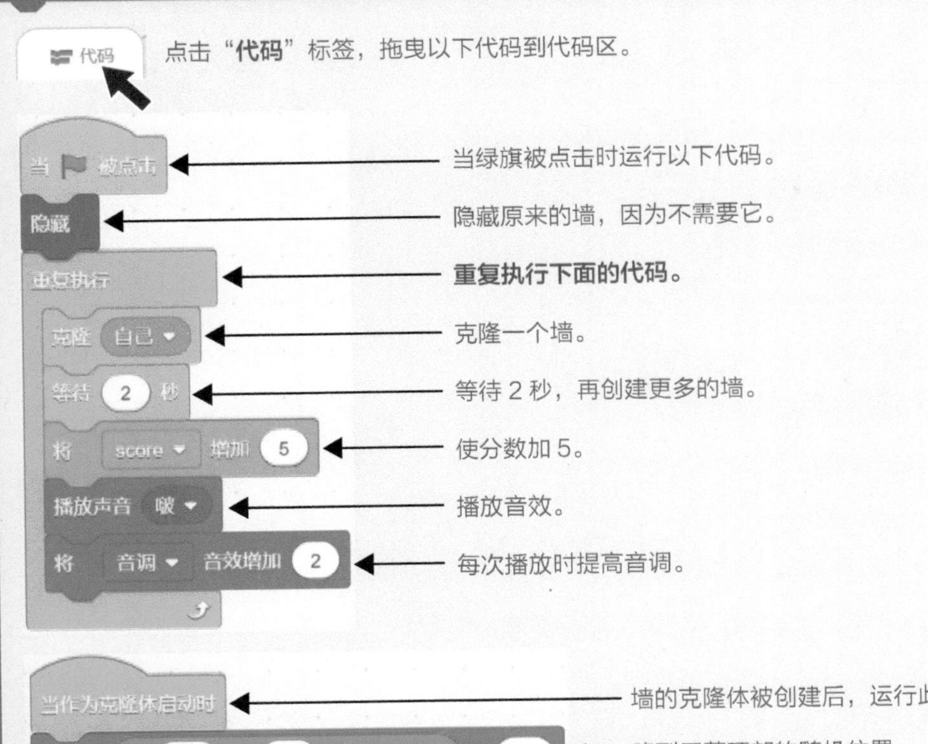

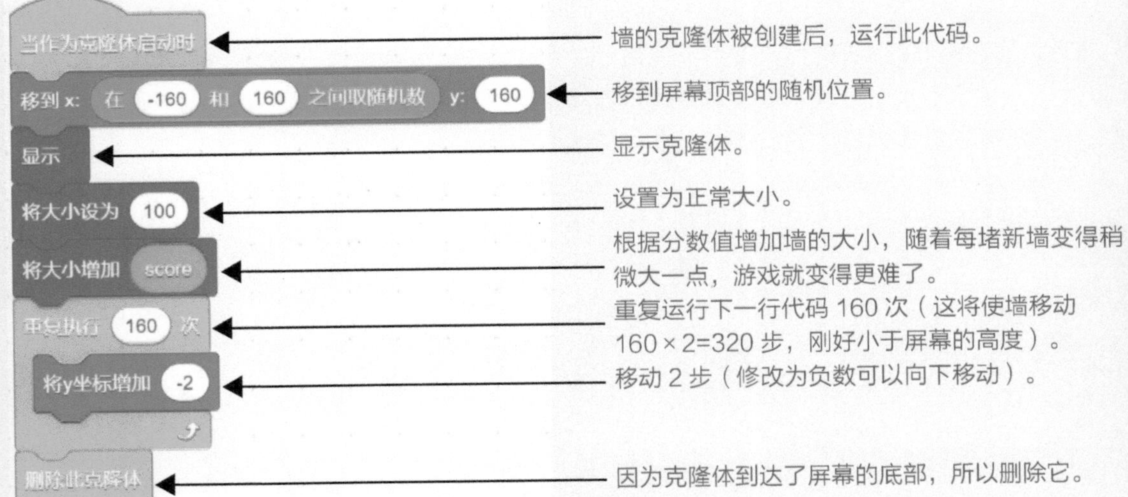

点击绿旗测试你的代码。一系列红色方块从屏幕的顶部向底部缓慢移动，每个方块都比前一个方块稍大一些。现在让我们添加玩家。

8. 添加玩家角色

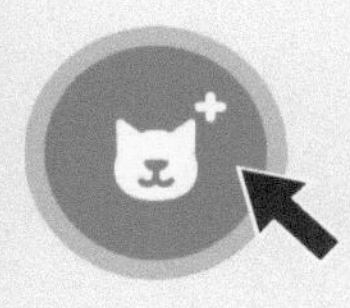

让鼠标指针悬停在“**选择一个角色**”按钮上。

选择“**绘制**”。

9. 绘制玩家

点击“**转换为位图**”按钮。

选择“**矩形**”工具。

选择蓝色。

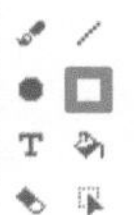

在绘图区中央画一个小方块。

10. 给玩家编程

点击“**代码**”标签，拖曳以下代码到代码区。

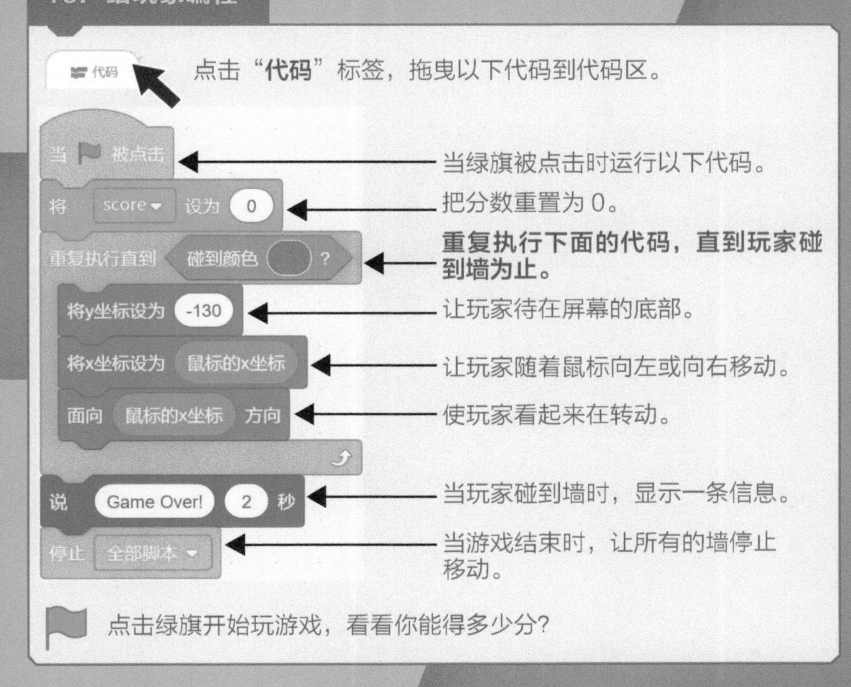

点击绿旗开始玩游戏，看看你能得多少分？

这个游戏使用克隆的角色在屏幕上移动多个对象。玩家跟随鼠标的 x 坐标而移动。每过一面墙，分数就增加 5 分。分数用于设置下一面墙的大小。增加 5 分会使墙的大小的变化比只增加 1 分更加明显。使用这些方式来创建第 55 页的“彩色之墙 2”游戏。

挑战

在这一章中，变量是游戏运行的关键。你学会了如何使用计时器限制游戏的运行时间，让游戏充满竞争感。你使用碰到积木来检查角色何时被捕获，然后通过更改 score 变量来增加分数。

把本章中的程序做完以后，试试这些挑战吧。

挑战 1 越野滑雪

创建“企鹅滑雪学校”游戏的侧面滚动版本。查看第 34 页的代码可以为你提供帮助。树从舞台的右侧出现，把它们的 *x* 值更改为 −5 使其移动。通过更改企鹅的 *y* 值，使企鹅在玩家按键时能够上下移动。

挑战 2 恐龙城市

使用“与鲨鱼共舞”（第 38 页）中的想法创建一个新游戏。这次让玩家驾驶直升机飞行，拯救人类。不要使用潜水员，而是为玩家绘制一架直升机，添加类似的代码使其飞行。然后添加飞行的翼龙而不是鲨鱼，使用类似于鲨鱼角色的代码。最后替换宝贝角色，绘制一个人并为其编程。

挑战 3 神秘接物

在“水果捕手”（第 42 页）中，你学会了使用落在屏幕上的各种水果制作一个简单的接物游戏。用同样的方法来创建自己的游戏。选择一个背景，然后选择一个角色。什么会落下来？每接到一样东西你会得到多少分？添加更多造型使落下来的东西是随机的。当你需要帮助时，请参阅“水果捕手”中的代码。

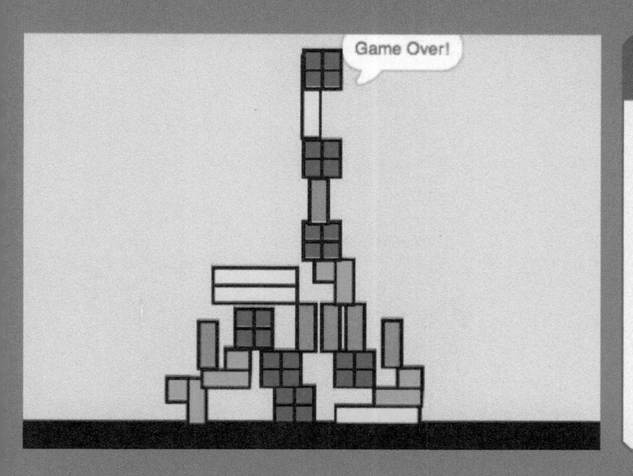

挑战 4 随机砖块戏法

扩展“砖块戏法”游戏。在砖块上添加不同形状和颜色的其他造型。正确处理图形是这个游戏的关键。添加代码以随机更改造型（请参阅第 42 页的“水果捕手”游戏以帮助你完成该部分）。你还能怎样改进游戏呢?

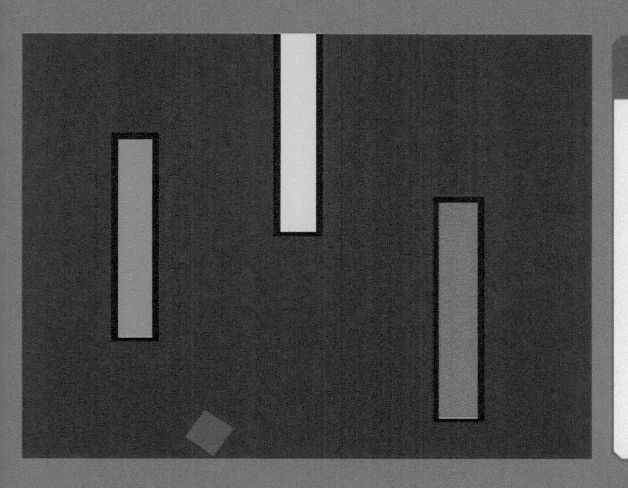

挑战 5 彩色之墙 2

你能编程实现一个新版本的“彩色之墙”游戏使长方形障碍物在屏幕上移动吗? 使用第 50 页游戏中的方法来获取帮助。你需要替换许多的 *x* 值、*y* 值和代码。添加更多的造型，让它们在循环开始时改变颜色，就像“水果捕手”里的那样。更改长方形障碍物的背景色和边框，使程序更容易测试游戏是否结束。

4 数学很重要

随着你的程序变得越来越复杂，你需要使用更复杂的数学知识。要使游戏逐渐变得更快或更慢，或者改变音效的音调，需要一点数学运算。但别担心，我们一步一步地来！

若要拼接积木，请拖动其左侧。积木可以放入的地方其周围将会泛起亮光。

数学符号

所有的编程语言（包括 Scratch），使用特殊的符号代表乘法和除法：

5*5 表示 5×5=25

8/2 表示 8÷2=4

组合更复杂的运算

你可以使用数学运算来创建声音特效。在“充电机器人”游戏中，你可以用组合运算来更改机器人上下移动时的音调。

首先将一个**乘法**积木拖到一个“**演奏音符**”积木中。

演奏音符 0.1 * ( ) 0.25 拍

在乘法积木的左侧输入 0.1。

演奏音符 0.1 * (+)

将**加法**积木拖到乘法积木的右侧。

演奏音符 0.1 * ( ) 0.25 拍　y 坐标

将 ***y* 坐标**积木放到加法积木的左侧。

演奏音符 0.1 * y 坐标 + 100 0.25 拍

在加法积木的右侧输入 100。

音符值不会一直播放相同的音符，而是会更改为其角色位置 (y+100)的0.1倍。

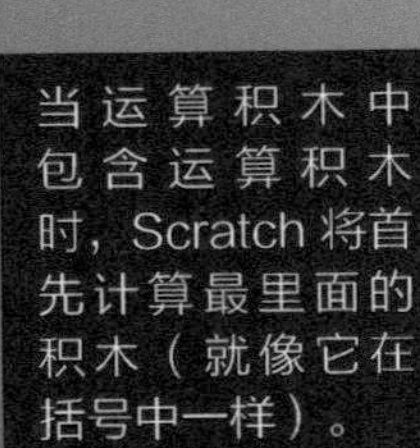

用数学让游戏变得更难

在第 74 页的“甜甜圈入侵”中，你将会使用数学使游戏变得越来越难。

游戏玩得时间越长，甜甜圈出现得越快！

你将会使用 Delay 变量，使得在创建新的甜甜圈克隆体的时候可以暂停。

Delay 变量将减少 0.1（改为 −0.1），直到变为 0.5。

你将使用“取随机数”积木将随机元素引入游戏。代码不是等待 Delay 变量的值，而是等待 0.5 和变量值之间的随机数。这使甜甜圈开始更快地到达，时间有些随机。

广播消息

在这一章中，你将学习一种让角色相互交流的新方法。当你有很多角色在做更复杂的事情时，这非常有用。不需要数学！

拖放一个广播积木到你的代码。

点击“**新消息**”。

输入你想与其他角色共享的消息，然后点击“**确定**”。

克隆

你已使用过“**复制**”选项创建了角色的副本。但是，有一种更好的方法可以使用代码来实现。要克隆角色，请使用“**克隆自己**”积木。

嗯，我爱甜甜圈。你能再做些吗？

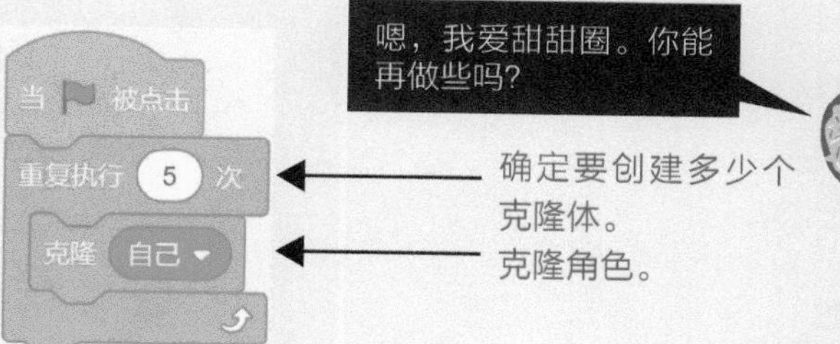

现在要使每个克隆体都执行某项操作，请使用“**当作为克隆体启动时**”积木：

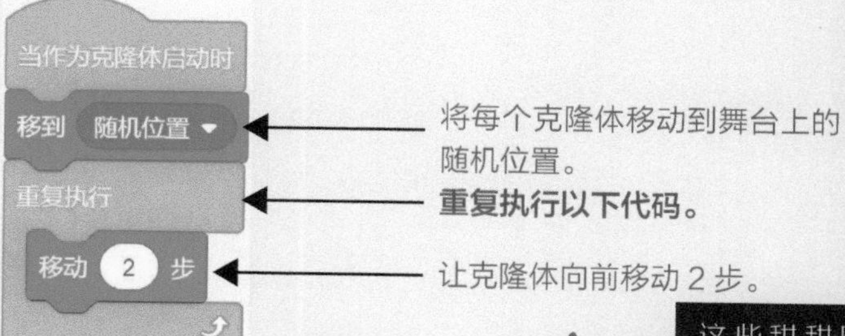

这些甜甜圈是克隆出来的吗？

贪吃蛇

这是经典游戏《贪吃蛇》的一个版本。玩家必须控制蛇，让蛇在屏幕上移动时避免与自己碰撞。随着蛇变长，游戏变得越来越难。你将使用一种被称为克隆的编程技术来使蛇变得更长。克隆有点像通过使用代码复制和粘贴角色。

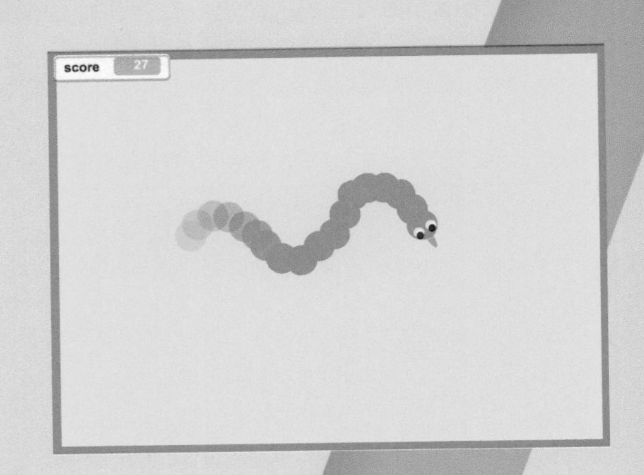

1. 删除猫

点击"×"删除猫。

2. 选择背景

在角色面板点击"**舞台**"图标（在屏幕的右下角）。

点击屏幕左上方的"**背景**"标签。

前往第14页查看如何设置颜色。

3. 绘制背景和边界

点击"**转换为位图**"按钮。

选择"**填充**"工具。

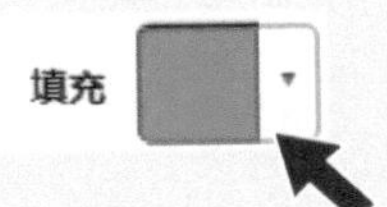

点击"**填充**"下拉框，选择红色。

填充绘图区。

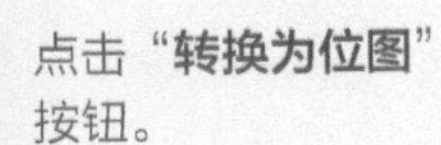

选择"**矩形**"工具。

选择黄色。

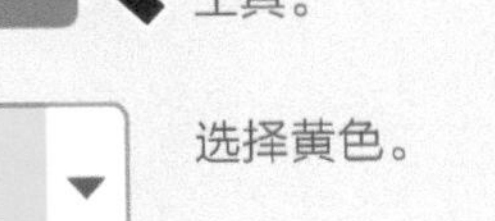

用鼠标绘制一个大的黄色矩形。应该在边缘留下一条红色的细边。

边界必须和蛇的颜色完全一样，你要用这个来检查碰撞。

4. 添加蛇

让鼠标指针悬停在**“选择一个角色”**按钮上。

点击**“绘制”**。

绘图时如果不小心出错了，点击撤销按钮再试一次！

5. 绘制身体

点击**“转换为位图”**按钮。

选择工具“圆”。

选择红色。

画一个大的红色圆圈，作为蛇的一部分（你稍后可将其缩小）。

你需要为蛇画两个造型。这一个是身体，所以输入**body**作为造型的名字。

6. 复制身体造型

右键点击角色列表里的body角色。点击**“复制”**创建一个身体的副本。

一个名为**body2**的新造型将会出现。

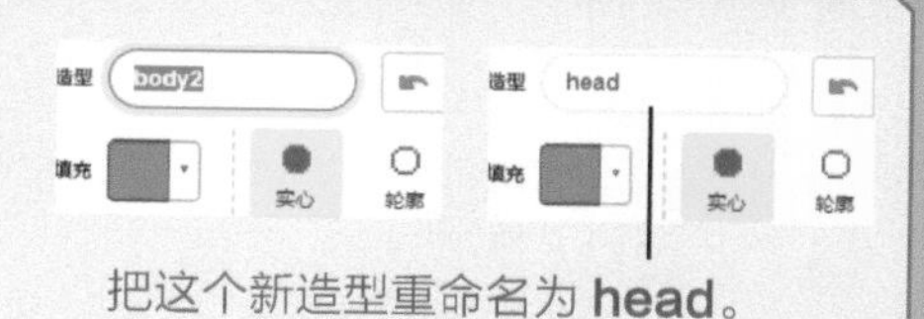

把这个新造型重命名为**head**。

7. 画眼睛

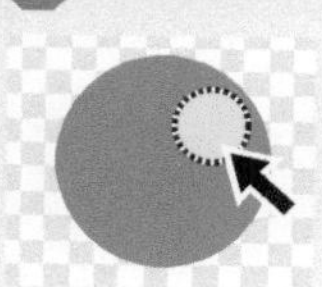

用工具**“圆”**画两只眼睛。

8. 画舌头

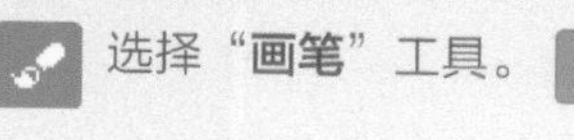

选择**“画笔”**工具。

选择绿色。

画舌头。在舌头和头部之间留一点空隙。

如果你不留下空隙，游戏刚一开始，蛇就会碰到红色！这会让游戏停止运行。

9. 开始编程

点击屏幕左上方的“**代码**”标签。

10. 建立一个变量

点击“**变量**”按钮。

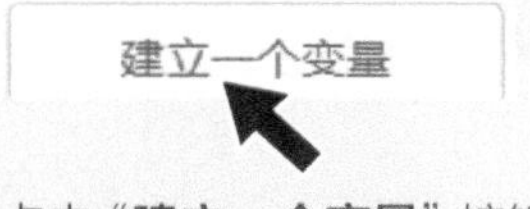

点击“**建立一个变量**”按钮。

输入 **score**。

点击“**确定**”。

11. 给蛇头编程

拖曳以下代码到代码区。

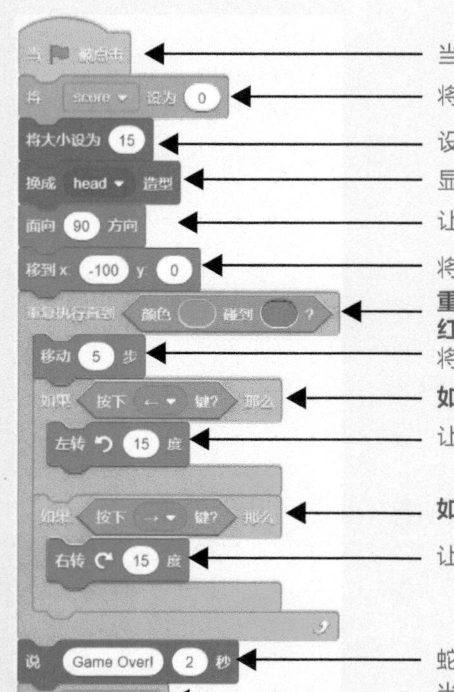

当绿旗被点击时运行以下代码。

将分数重置为 0。

设置蛇的大小为原来大小的 15%。

显示为蛇头的造型。

让蛇面向右边。

将蛇移到屏幕中心的左侧。

重复执行下面的代码，直到蛇的舌头碰到身体或红色边界。

将蛇头向前移动 5 步。

如果按下“←”键，则运行代码。

让蛇头逆时针旋转。

如果按下“→”键，则运行代码。

让蛇头顺时针旋转。

蛇碰到了什么东西，所以显示一条消息。

当游戏结束时停止运行代码。

12. 给身体编程

添加下面的两个代码块，来控制蛇的身体。

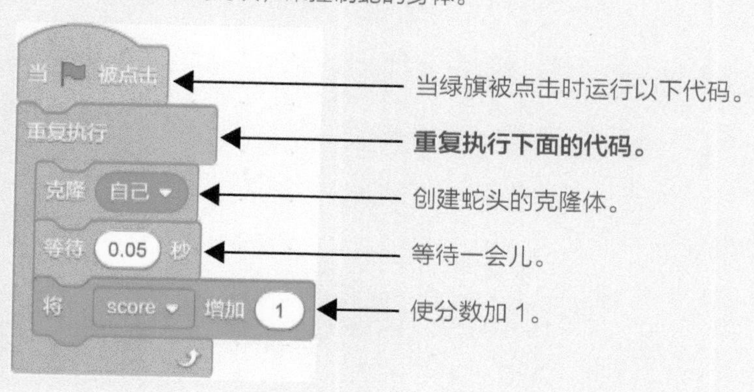

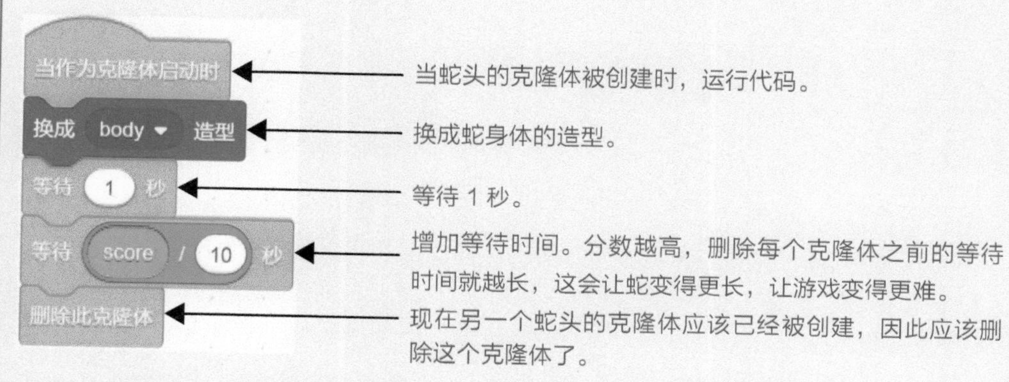

 点击绿旗测试你的代码。使用“←”**键**和“→”**键**来操控蛇在屏幕上运动。避免碰到任何东西！

克隆蛇的身体并删除它们，看上去好像整条蛇在移动。为了使蛇变长，你更改了删除每个克隆体之前的等待时间。准备好迎接挑战了吗？前往第 80 页创 作自己的“贪吃蛇”游戏。

跳跃仙人掌

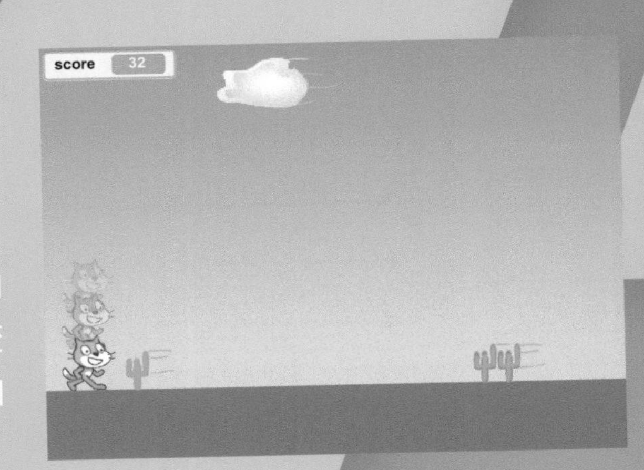

在这个项目里，你将会创作一个滚屏游戏。仙人掌会在屏幕上向猫所在的方向滚动。你可以按空格键让猫跳过每个仙人掌。你将使用克隆技术来创建多个仙人掌。为了使猫跳跃，你将添加一个变量来存储猫的跳跃速度。这将产生更加令人兴奋和逼真的跳跃效果。

1. 建立一个分数变量

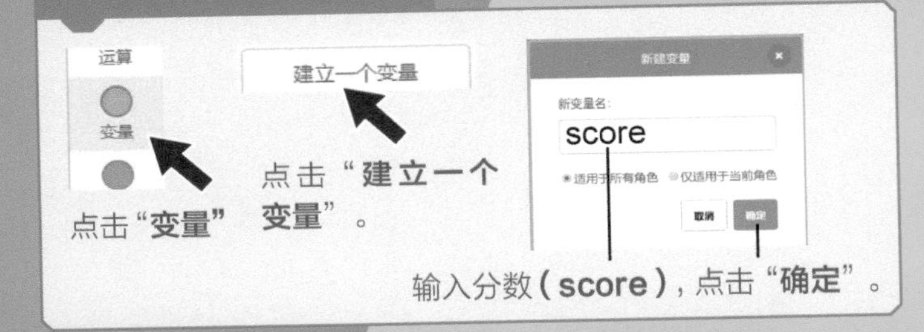

点击“**变量**”

点击“**建立一个变量**”。

输入分数（**score**），点击“**确定**”。

2. 添加另一个变量

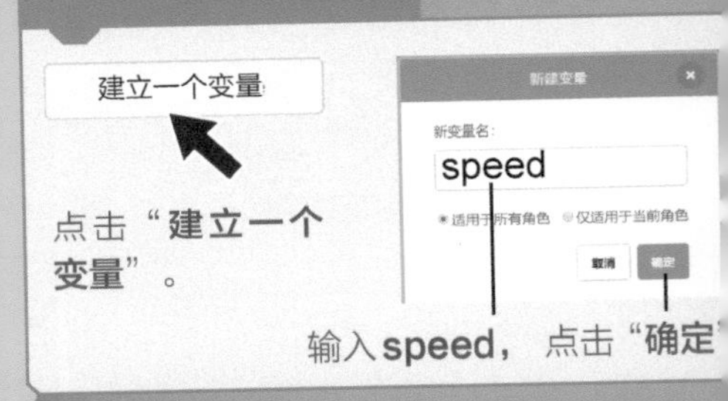

点击“**建立一个变量**”。

输入**speed**，点击“**确定**”

3. 给猫编程

拖曳以下代码到代码区，使猫像在原地奔跑一样。

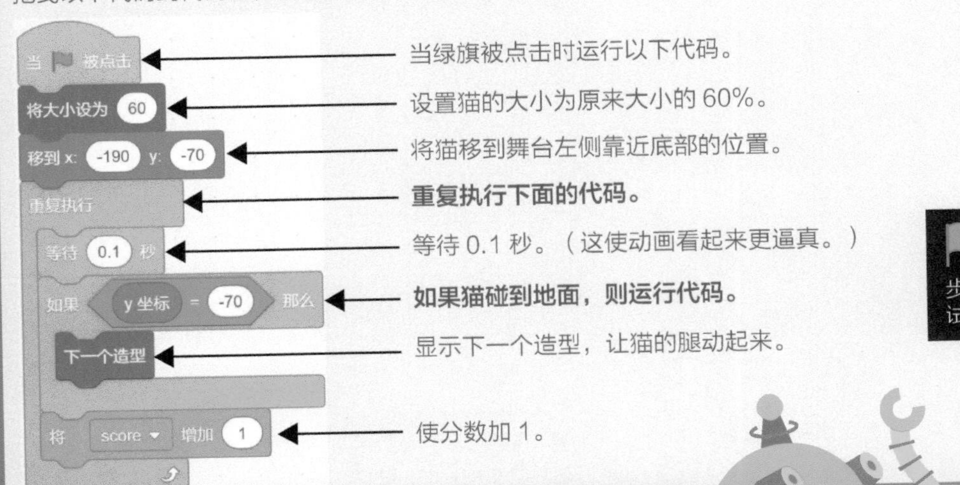

当绿旗被点击时运行以下代码。

设置猫的大小为原来大小的 60%。

将猫移到舞台左侧靠近底部的位置。

重复执行下面的代码。

等待 0.1 秒。（这使动画看起来更逼真。）

如果猫碰到地面，则运行代码。

显示下一个造型，让猫的腿动起来。

使分数加 1。

这些代码使猫在原地跑步。点击绿旗测试代码！

4. 导入音效

点击"**声音**"标签（左上方）。

点击"**选择一个声音**"按钮。

浏览音效列表，找到 **Boing** 图标，点击导入。

5. 让猫跳起来

点击"**代码**"标签，拖曳以下代码让猫跳跃。

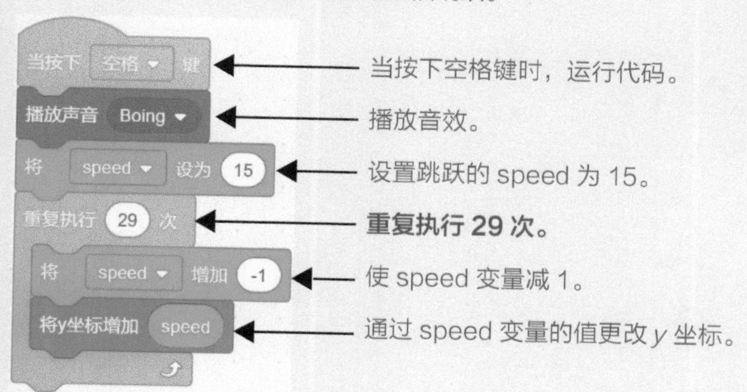

点击绿旗测试你的代码。
按下空格键，看到猫在空中跳跃！

6. 选择背景

点击"**舞台**"图标（在屏幕的右下角）。

点击屏幕左上方的"**背景**"标签。

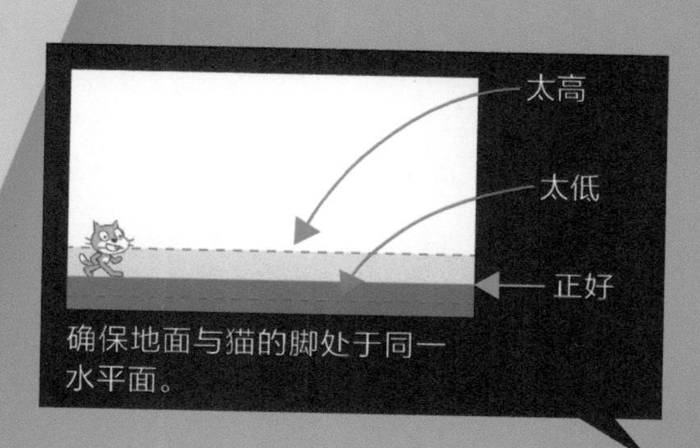

7. 绘制地面

点击"**转换为位图**"按钮。

选择"**矩形**"工具。

选择绿色。

在屏幕底部绘制一个细而长的矩形作为地面。

8. 绘制天空

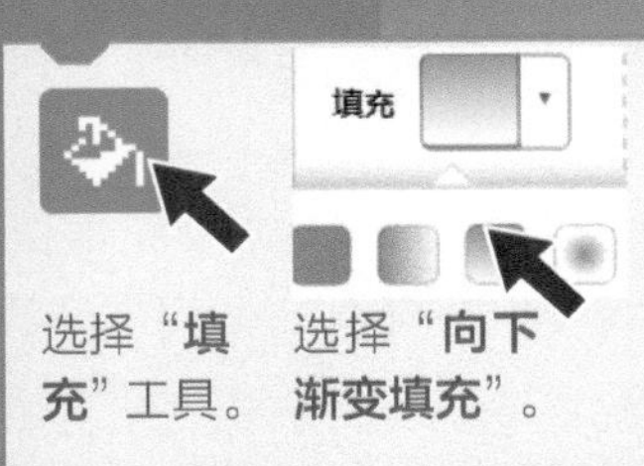

选择“**填充**”工具。选择“**向下渐变填充**”。

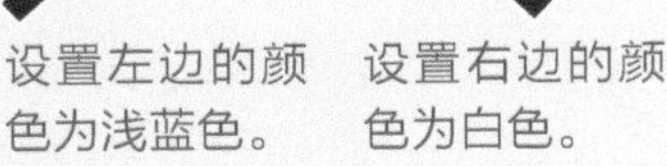

设置左边的颜色为浅蓝色。设置右边的颜色为白色。

点击绘图区，为天空填充渐变颜色。

9. 添加白云

点击“**选择一个角色**”按钮。

浏览角色，点击白云（**Cloud**）。

10. 给白云编程

拖曳下面的代码到代码区，使云在舞台上缓慢飘移。

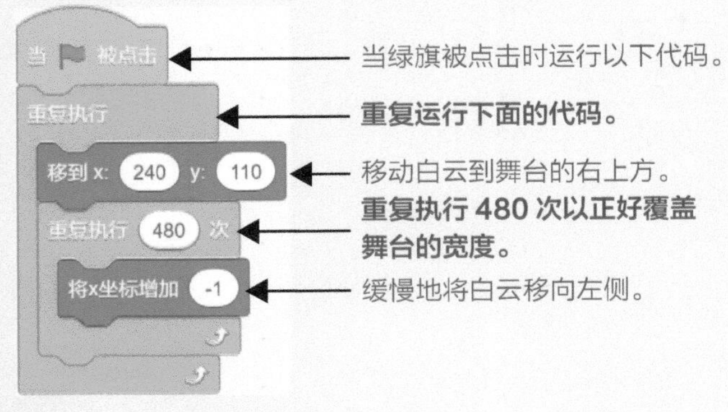

当绿旗被点击时运行以下代码。

重复运行下面的代码。

移动白云到舞台的右上方。

重复执行 480 次以正好覆盖舞台的宽度。

缓慢地将白云移向左侧。

点击绿旗测试你的代码。

11. 添加新角色

让鼠标指针悬停在“**选择一个角色**”按钮上。

点击“**绘制**”。

12. 导入音效

导入名为 **Bonk** 的音效。（请参见步骤 4 获取帮助。）

13. 绘制仙人掌

点击“**造型**”标签。点击“**转换为位图**”按钮。

选择“**画笔**”工具。

输入 **30**，使画笔变粗。

使画笔变细些，做点修饰。

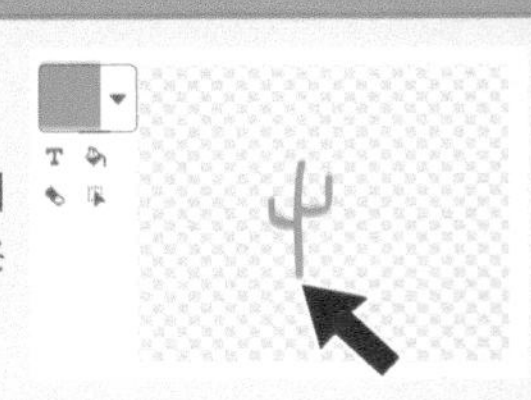

14. 给仙人掌编程

代码的第一部分会创建仙人掌的克隆体。点击“**代码**”标签，将下面的代码拖到代码区。

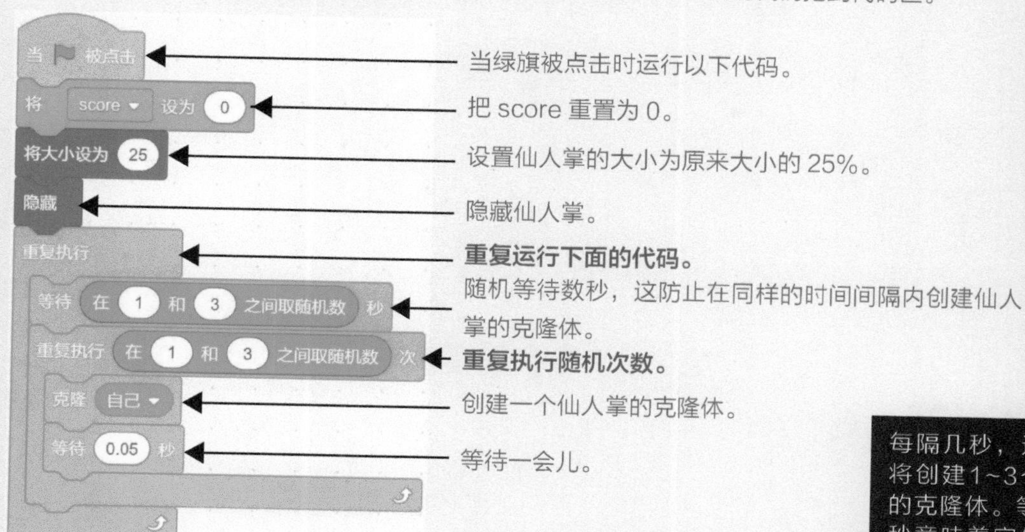

每隔几秒，这些代码将创建1~3个仙人掌的克隆体。等待0.05秒意味着它们不会彼此靠得太近。

代码的第二部分使每个克隆体向猫移动。

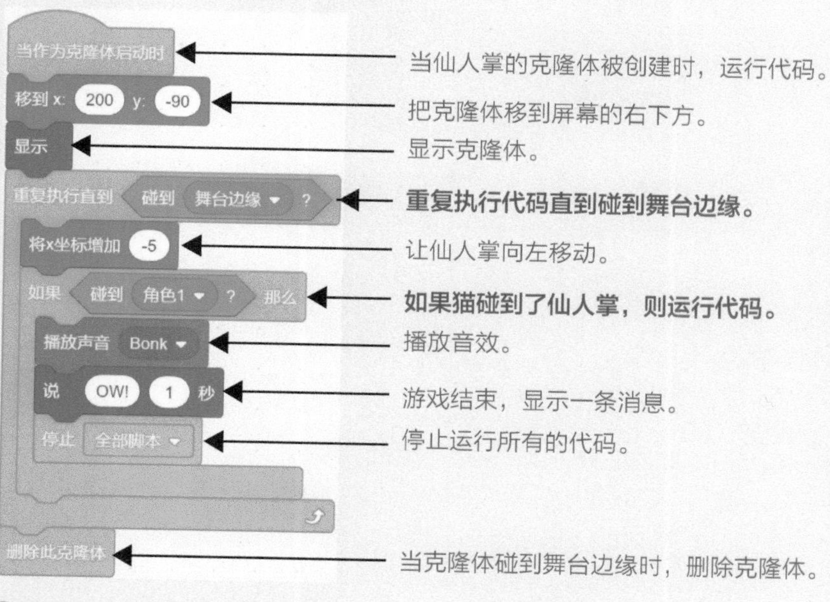

点击绿旗测试你的代码。

你已经创建了你的第一个滚屏游戏！准备好迎接挑战了吗？前往第 80 页试试创作“跳跃霸王龙”游戏。

造塔者

在此游戏中，玩家必须建造最直、最高的塔。塔的每一层都在屏幕上来回移动。按下空格键可使楼层下落，直到所有部分逐层摞在一起。如果塔达到一定高度，则玩家必须在上面放置塔顶。虽然代码部分相当简单，但需要用一些复杂的数学知识来计算玩家在每一层下落的准确度。下落得越准确，得分越高。

1. 删除猫

首先删除猫。

2. 添加背景

点击“**选择一个背景**”按钮。

找到 **Night City with Street**，点击它，将其设置为背景。

3. 添加玩家

让鼠标指针悬停在“**选择一个角色**”按钮上。

点击“**绘制**”。

4. 绘制塔楼

点击“**转换为位图**”按钮。

选择“**矩形**”工具。

选择红色。

在中心绘制一个红色矩形。红色矩形的长大约是绘图区宽度的 50%。

在红色矩形的外面点击。选择浅灰色。

画一个窗户。

选择黑色。

选择“**线段**”工具，设置你想要的粗细。

在窗户上添加一些细节。

5. 复制窗户

点击“**选择**”工具。

在窗户周围绘制一条虚线用来将其选中。

窗户周围出现蓝线。

点击“**复制**”。

点击“**粘贴**”。

窗户的副本出现，将它拖到第一个窗户旁边的位置。

6. 继续粘贴窗户

点击“**粘贴**”。

拖动新窗户到合适的位置。

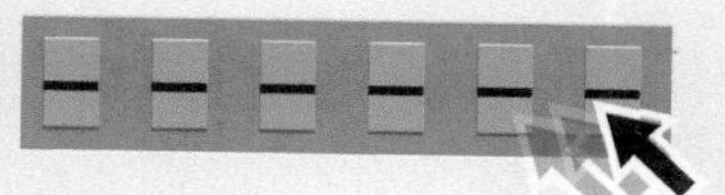

继续粘贴窗户，直到把一层填满为止。

使用“复制和粘贴”是复制角色某个部分的好方法。它将使你的游戏看起来更加专业。

你需要为塔做一个特殊的顶层。你将为此制作另一个造型。首先为当前造型设置一个名字。

7. 命名造型

输入 **Floor** 作为第一个造型的名字。命名造型可以更容易地组织你的代码。

8. 复制整个楼层

右键点击造型楼层（**Floor**），点击“**复制**”创建一个楼层的副本。

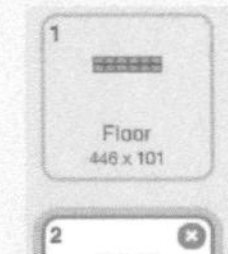

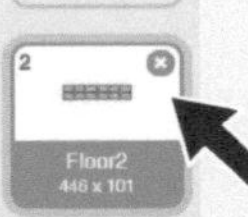

会出现一个新的造型。

将其重命名为 **Roof**。

9. 绘制塔顶

选择“**线段**”工具。

画两条线勾勒出塔顶的轮廓。

选择“**填充**”工具。

点击填充塔顶。

10. 建立一个分数变量

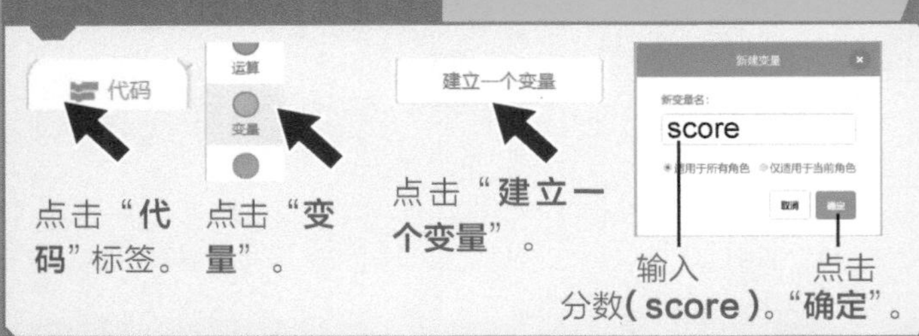

点击“**代码**”标签。

点击“**变量**”。

点击“**建立一个变量**”。

输入分数（**score**）。

点击“**确定**”。

11. 建立另一个变量

点击“**建立一个变量**”。

输入 **tower x**。

点击“**确定**”。

12. 导入音效

点击“**声音**”标签（在左上方）。

点击“**选择一个声音**”按钮。

浏览声音，找到 **Dance Celebrate** 图标，点击导入。

13. 完整的代码

拖曳以下代码到代码区。

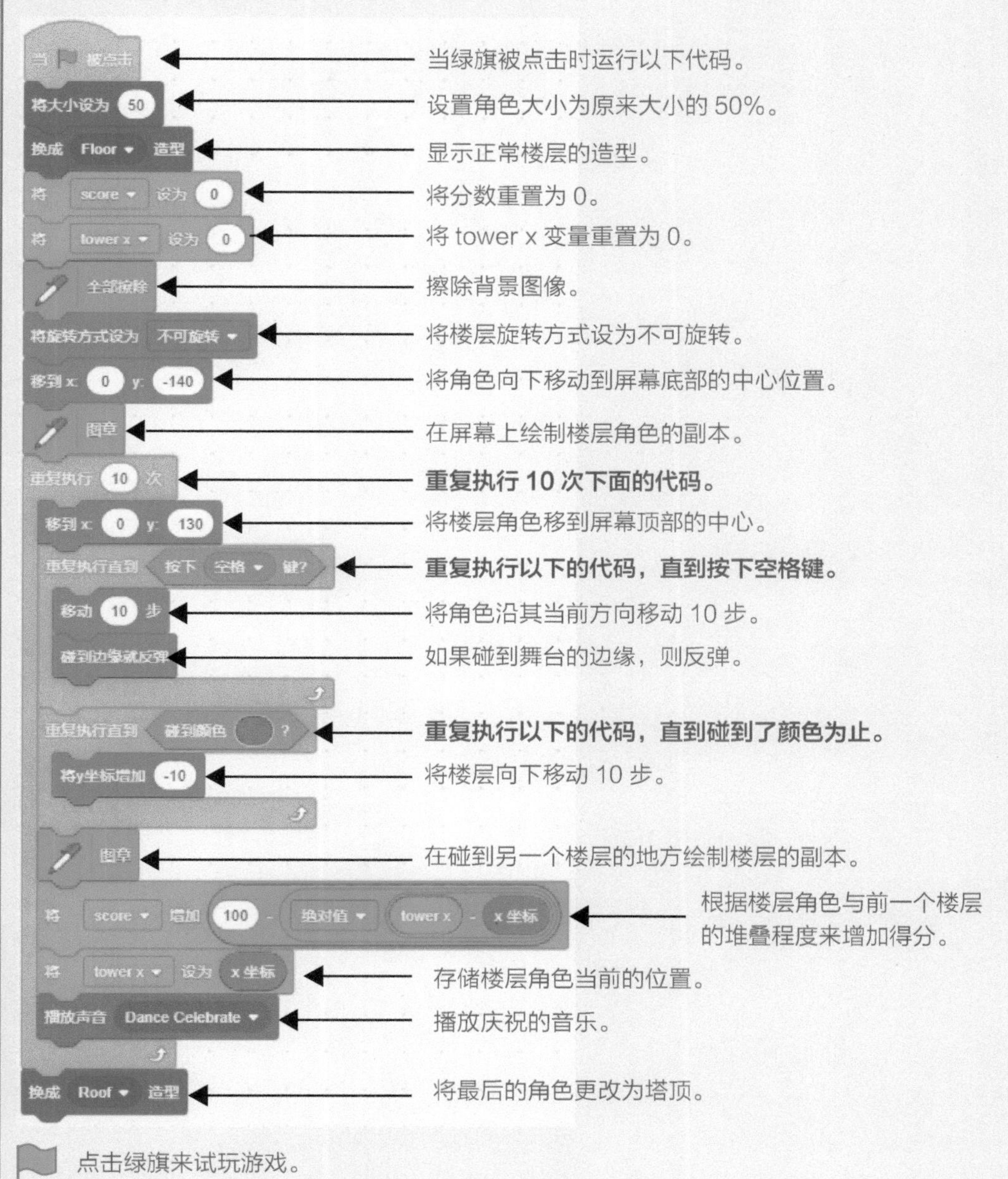

准备好迎接挑战了吗？前往第 81 页创建“超级塔”游戏。

充电机器人

在这个游戏中，你将给一个漂浮在太空中的机器人进行编程。该游戏的目标是通过使用空格键控制机器人，收集尽可能多的燃料电池！你将使用克隆来创建多个要收集的目标，使用计时器在 30 秒后停止游戏。你还要创建背景音效，它会随着机器人的上下移动而发生变化。

1. 删除猫

太空不是猫待的地方，删除它。

2. 选择背景

点击“**选择一个背景**”按钮。

找到 **Space City 2**，点击它，把它设置为背景。

3. 添加机器人

点击“**选择一个角色**”按钮。

浏览角色，点击机器人（**Robot**）。

4. 添加扩展

点击“**添加扩展**”按钮（在屏幕的左下方）。

点击“**音乐**”。

音乐扩展添加了额外的积木来制作和控制声音。

5. 建立一个变量

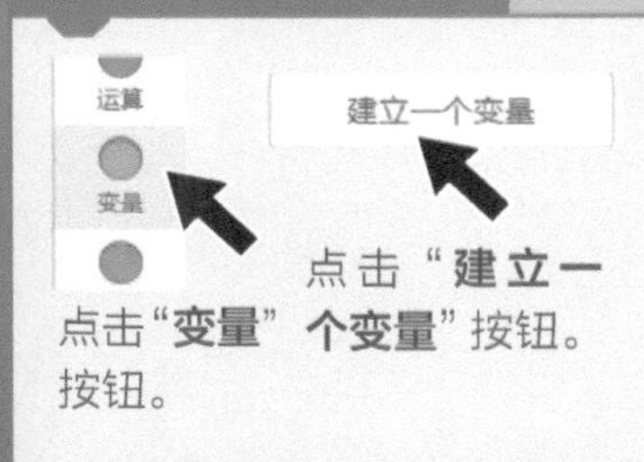

点击“**变量**”按钮。

点击“**建立一个变量**”按钮。

输入 **score**。

点击“**确定**”。

6. 显示计时器

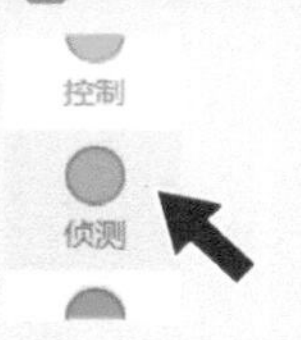

点击“**侦测**”按钮。

找到“**计时器**”积木，点击前面的复选框。

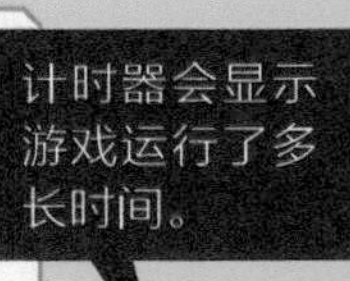

计时器会显示游戏运行了多长时间。

7. 给机器人编程

拖曳以下代码到代码区，控制机器人。

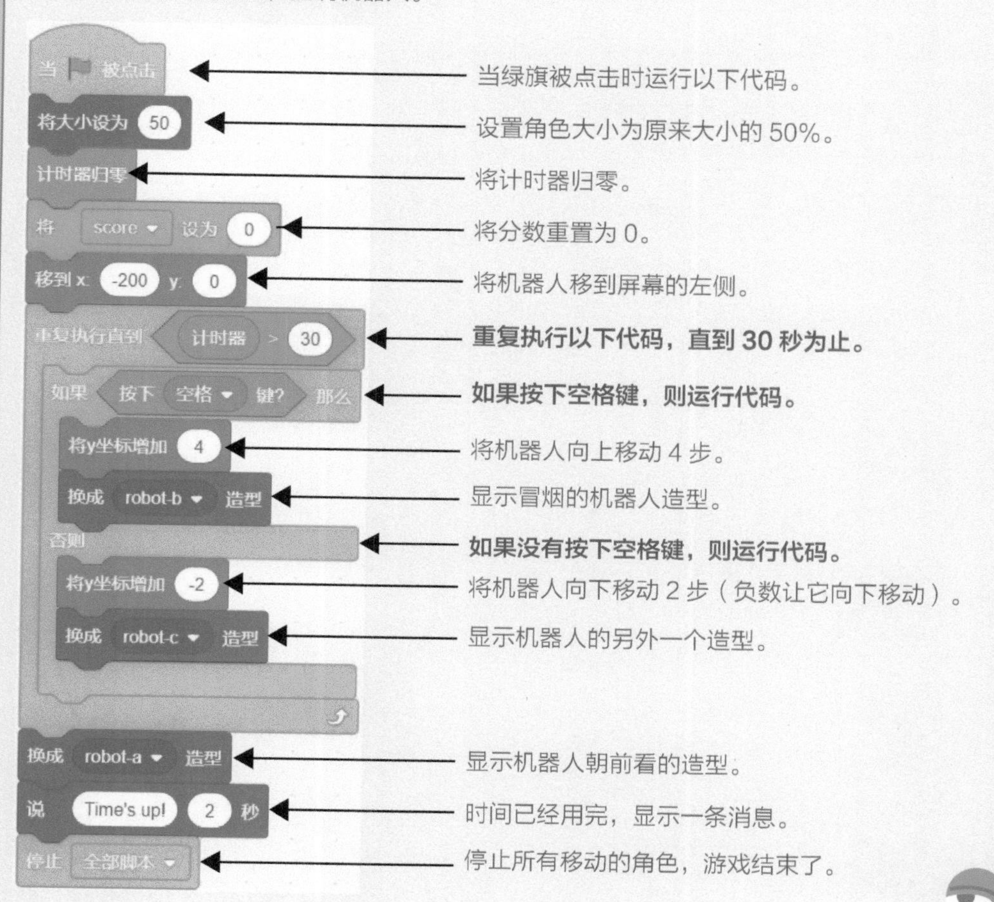

在游戏运行时将播放音效。为避免延迟主循环，请将此音效添加为独立的代码块。

8. 添加声音

拖曳以下代码到代码区。

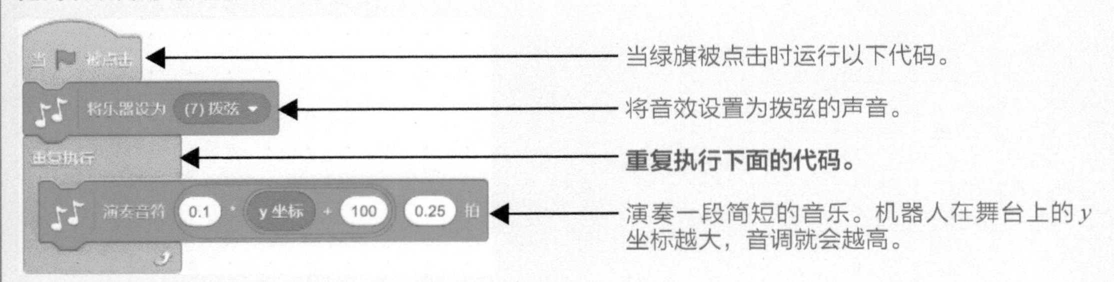

当绿旗被点击时运行以下代码。

将音效设置为拨弦的声音。

重复执行下面的代码。

演奏一段简短的音乐。机器人在舞台上的 y 坐标越大，音调就会越高。

点击绿旗测试你的代码，机器人应缓慢向下移动，按下空格键将使其向上移动。你应该会听到音调随着机器人移动而改变。

9. 添加燃料电池

点击“**选择一个角色**”按钮。

浏览角色，点击燃料电池（**Button2**）。

10. 创建燃料电池克隆体

拖曳以下代码到代码区，控制燃料电池。

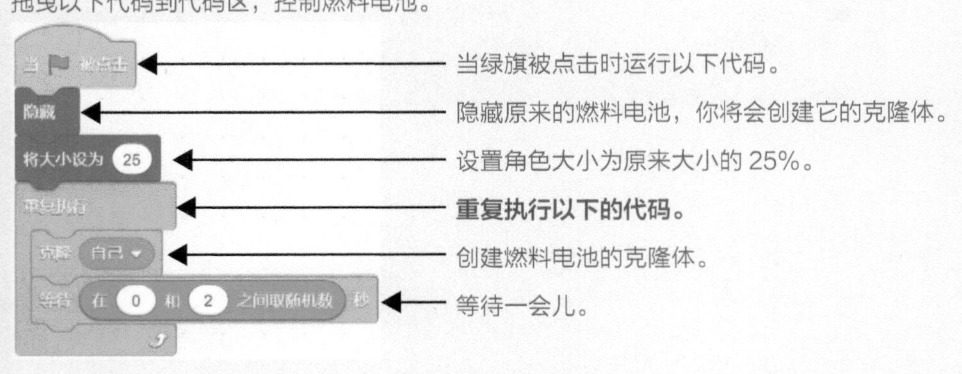

当绿旗被点击时运行以下代码。

隐藏原来的燃料电池，你将会创建它的克隆体。

设置角色大小为原来大小的 25%。

重复执行以下的代码。

创建燃料电池的克隆体。

等待一会儿。

11. 给燃料电池编程

添加以下代码，为被创建的克隆体编程。

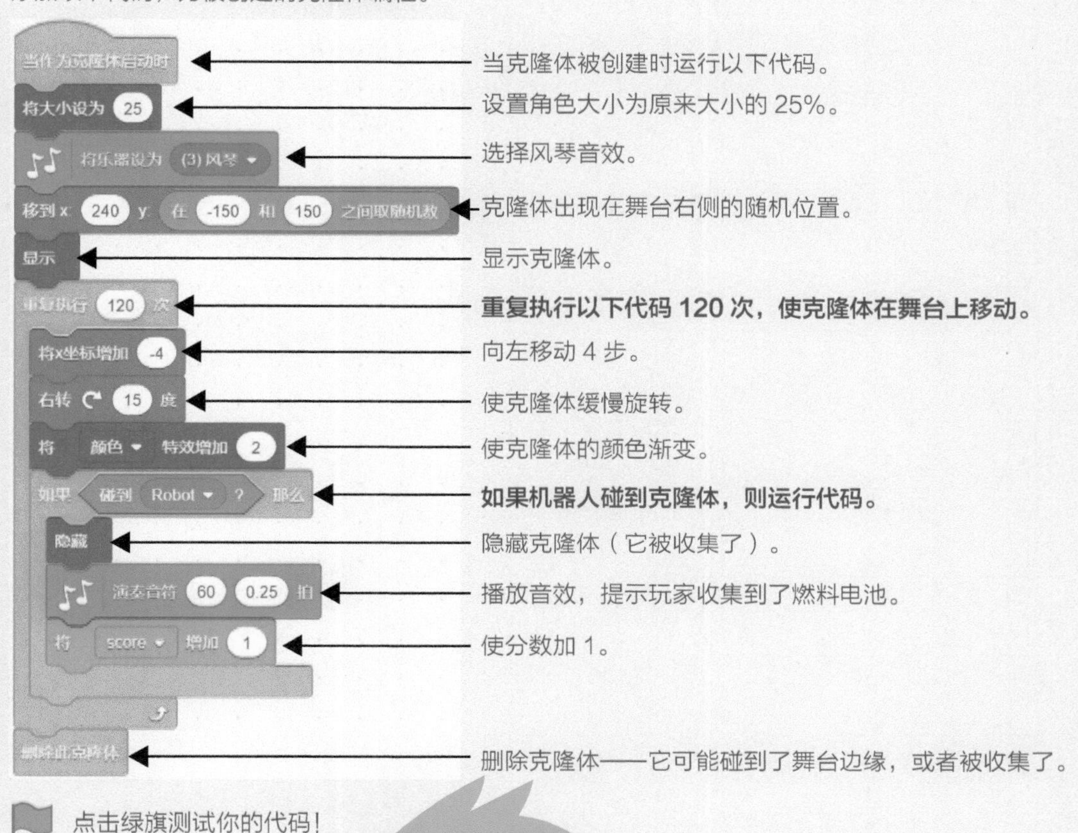

点击绿旗测试你的代码！

你之前已经使用了本游戏中的大多数技术。你可以使用计时器检查游戏运行了多长时间。你会用机器人的位置来确定音效的音调。当你准备好迎接挑战时，请用这些方法来创建第 81 页的收集游戏。

甜甜圈入侵

一艘宇宙飞船正在受到甜甜圈的攻击！通过左右旋转，你可以瞄准甜甜圈。在它们撞到飞船之前向它们开火。你将会克隆甜甜圈，让几个甜甜圈可以同时出现。你将使用颜色特效让它们在向飞船移动时闪烁。变量存储分数和玩家的生命值，每次甜甜圈撞到飞船上，生命值就会减少。

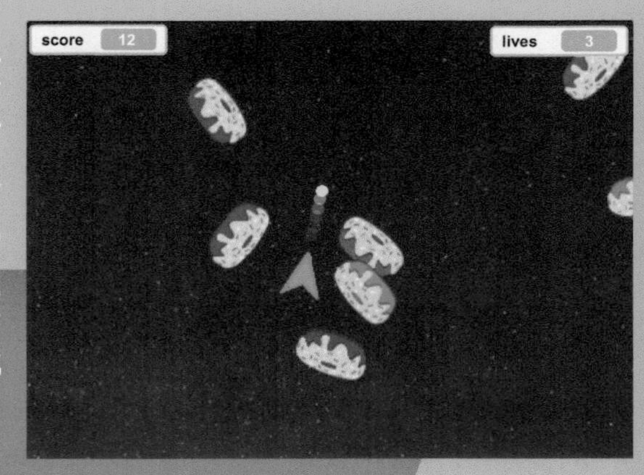

1. 删除猫

猫不能吃甜甜圈，让我们删除猫。

2. 添加背景

点击“**选择一个背景**”按钮。

找到Stars，点击它，把它设置为背景。

3. 添加扩展

点击“**添加扩展**”按钮。

点击“**音乐**”。

4. 建立一个分数变量

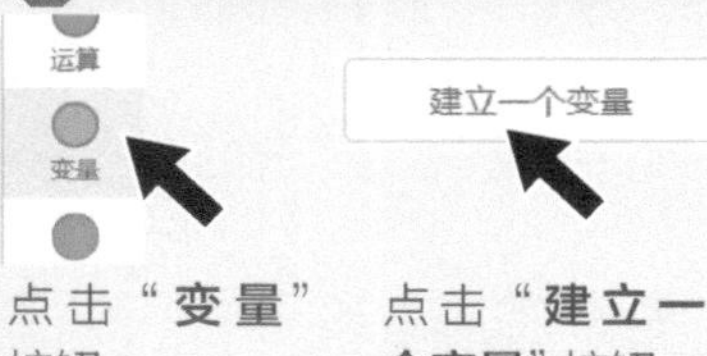

点击“**变量**”按钮。

点击“**建立一个变量**”按钮。

输入分数（**score**）。

点击“**确定**”。

5. 添加另一个变量

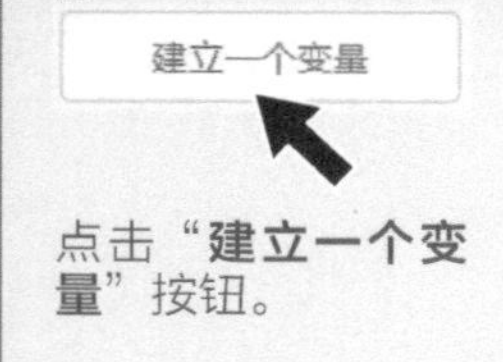

点击“**建立一个变量**”按钮。

输入**lives**。

点击“**确定**”。

6. 添加另一个变量

点击“**建立一个变量**”按钮。

输入**Delay**。

点击“**确定**”。

你将使用Delay变量来设置新的甜甜圈在屏幕上出现的频率。要查看运行中的变量，请稍后再次选择该复选框！

7. 隐藏 / 显示变量

玩家需要看到分数和剩下的生命值。你不需要让玩家看到变量 **Delay**，所以不选择它。

8. 添加飞船

让鼠标指针悬停在 **“选择一个角色”** 按钮上。

选择 **“绘制”**。

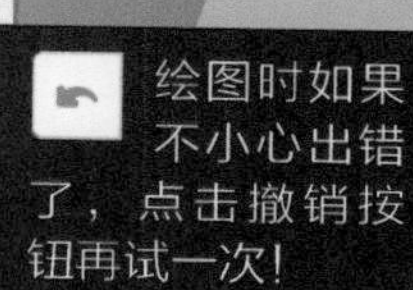

绘图时如果不小心出错了，点击撤销按钮再试一次！

9. 绘制飞船

点击 **“转换为位图”** 按钮。

选择 **“线段”** 工具。

选择绿色。

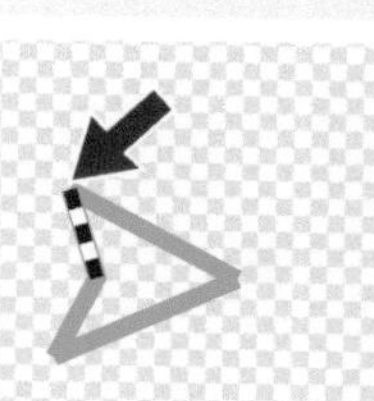

选择 **“填充”** 工具。

填充飞船。

现在先画一艘简单的宇宙飞船。完成所有代码后，你可以添加更多的细节。

10. 开始编程

点击屏幕左上方的“代码”标签，拖曳以下代码到代码区。

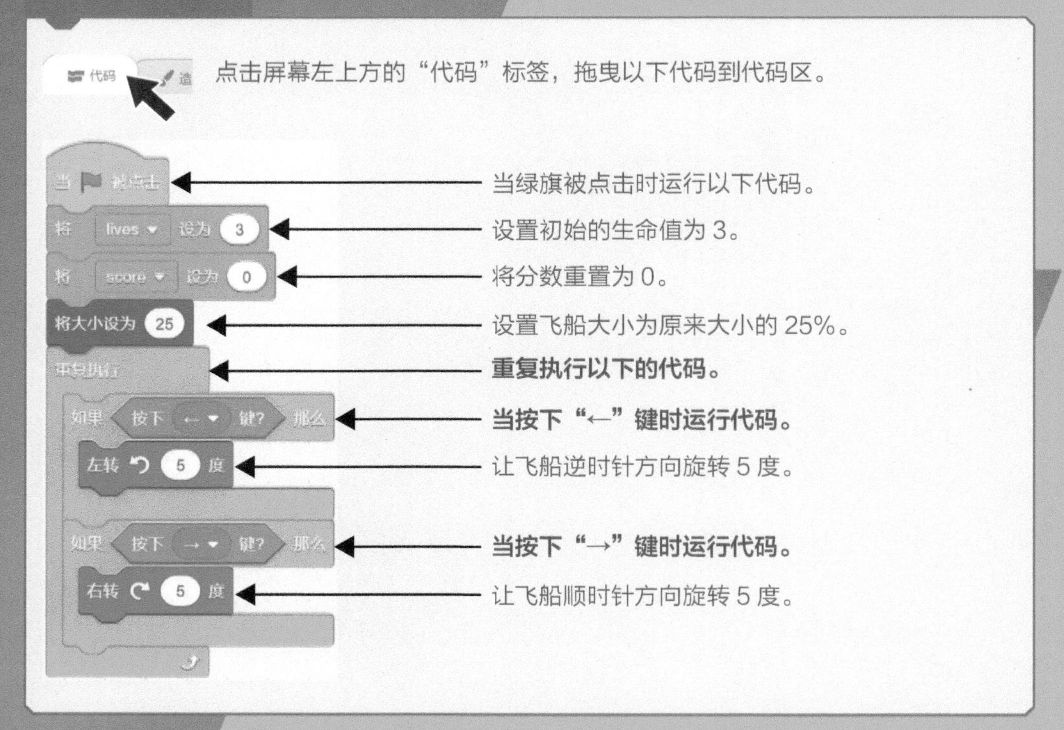

11. 重命名角色

点击角色文本框，输入 **Ship** 后按**回车键**。

12. 添加激光

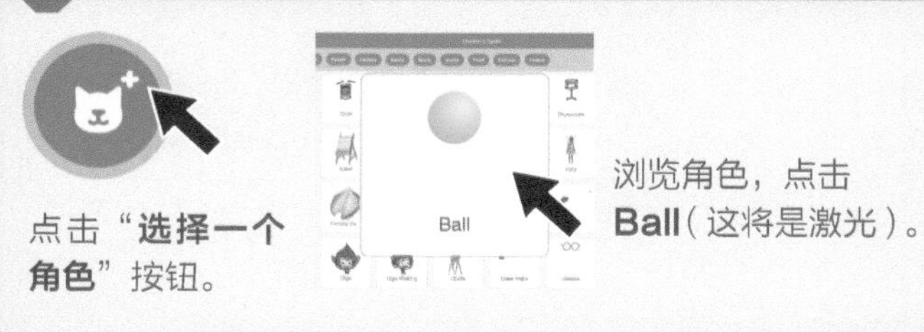

点击“**选择一个角色**”按钮。

浏览角色，点击 **Ball**（这将是激光）。

13. 给激光编程

拖曳以下代码到代码区。

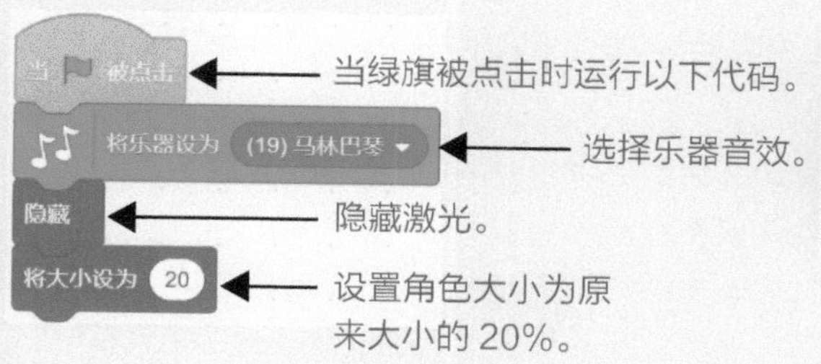

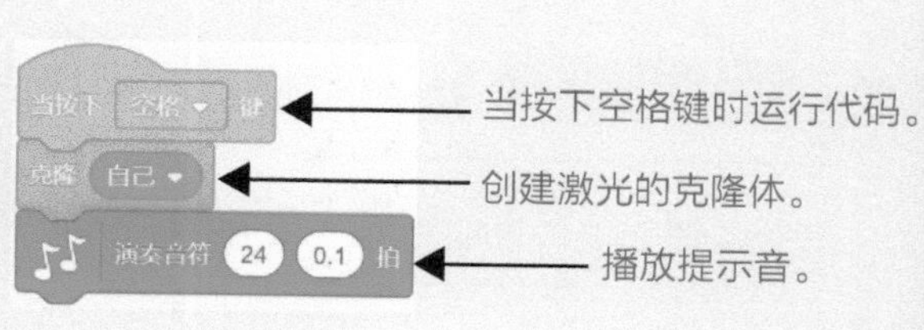

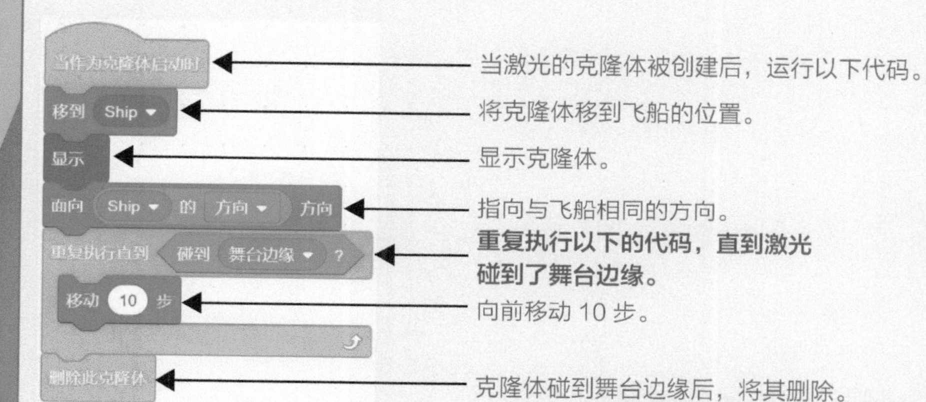

以面向方向积木开始，将以下侦测积木放入其中。

舞台 的 backdrop #

把舞台改为Ship，从右边的下拉框中选择方向。

14. 添加甜甜圈

点击“**选择一个角色**”按钮。

浏览角色，点击甜甜圈（Donut）。

15. 给甜甜圈编程

现在你需要克隆甜甜圈并控制它，拖曳以下代码到代码区。

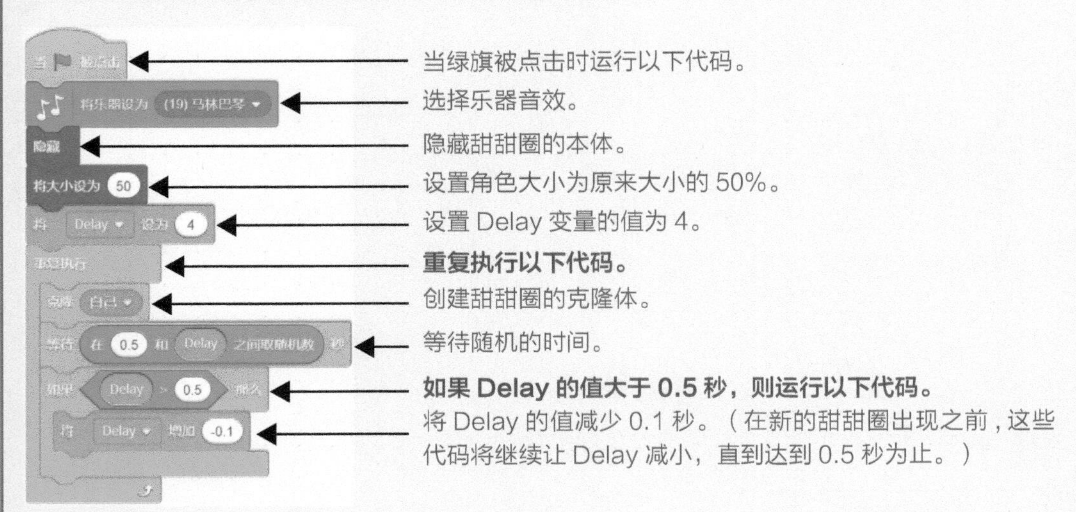

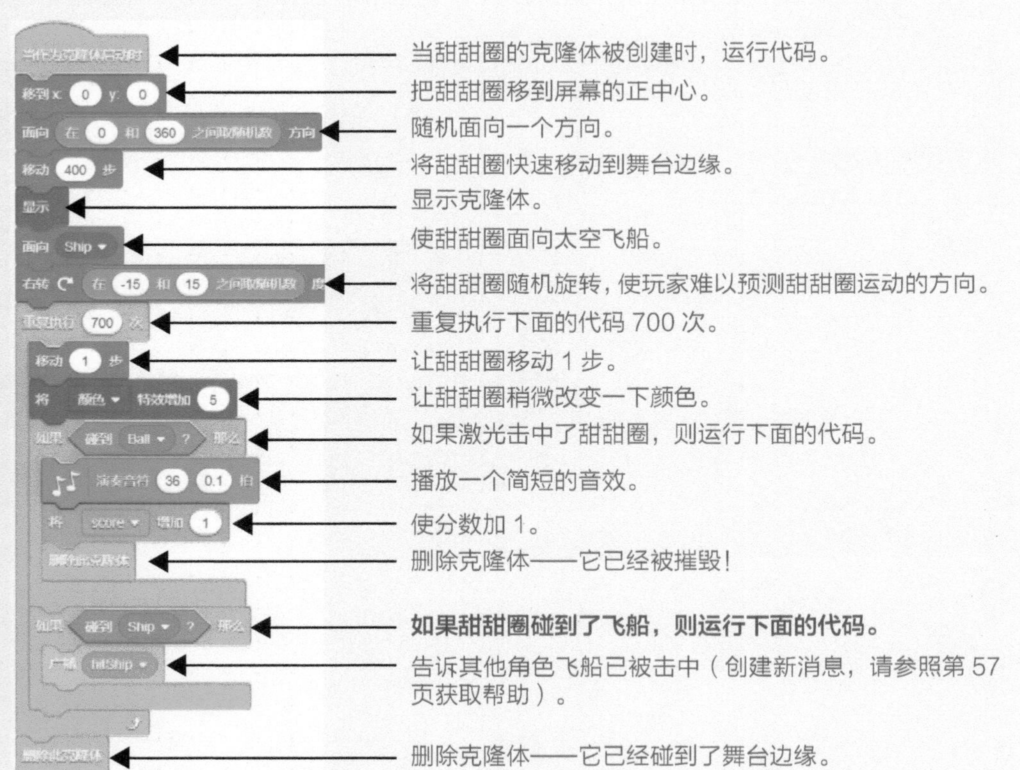

一旦一个甜甜圈撞上了飞船，你就需要停止所有其他的甜甜圈。同时，你还需要飞船运行第19步中的代码。你将使用广播来向其他角色发送消息。

16. 继续给甜甜圈编程

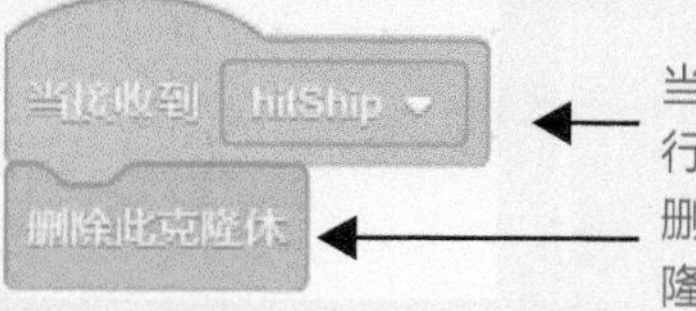

当甜甜圈收到广播的消息时运行代码。

删除接收到消息的甜甜圈的克隆体。

17. 选择飞船

在角色列表里点击飞船（Ship），添加更多的代码。

18. 导入游戏结束的音效

点击“**声音**”标签（左上方）。

点击“**选择一个声音**”按钮。

浏览声音图标，找到 **Boom Cloud** 图标，点击导入。

19. 添加代码处理广播的消息

添加一些代码来确定撞到飞船时会发生什么，拖曳以下代码到代码区。

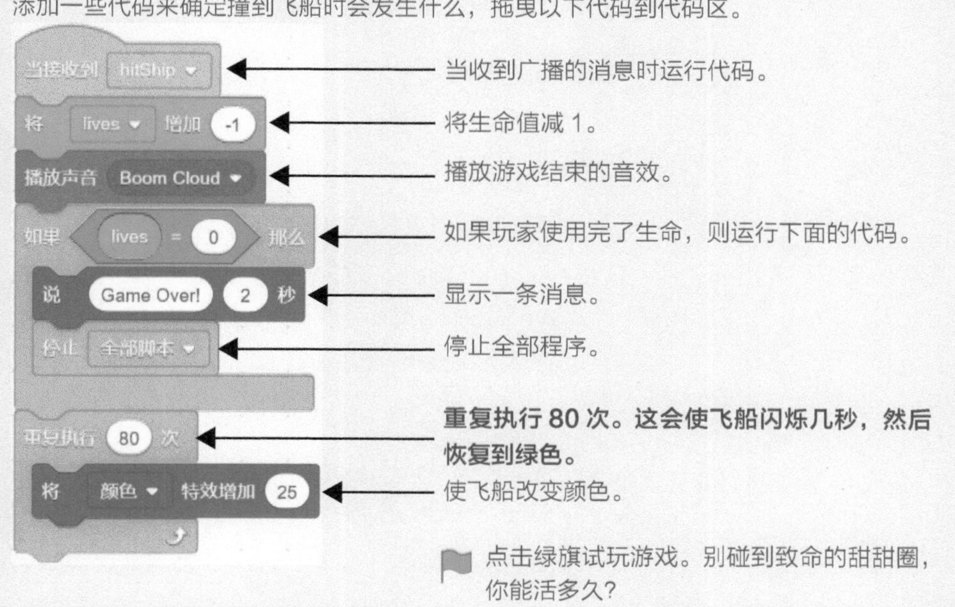

当收到广播的消息时运行代码。

将生命值减 1。

播放游戏结束的音效。

如果玩家使用完了生命，则运行下面的代码。

显示一条消息。

停止全部程序。

重复执行 80 次。这会使飞船闪烁几秒，然后恢复到绿色。

使飞船改变颜色。

点击绿旗试玩游戏。别碰到致命的甜甜圈，你能活多久？

准备好迎接更复杂的挑战了吗？请前往第 81 页，尝试创建“汉堡杀手入侵”游戏。

挑战

在本章中，你使用了更复杂的数学运算使程序更具吸引力。考虑一下如何运用数学运算使自己的游戏更难或添加新的挑战、造型和声音特效。

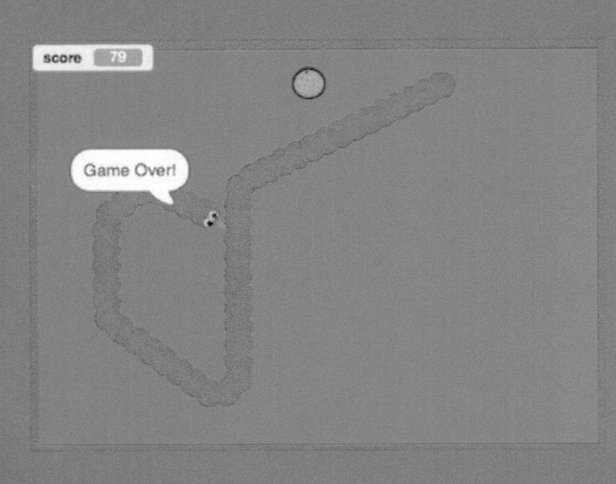

挑战 1 贪吃蛇

创作一个新版本的贪吃蛇游戏。在这个游戏中，蛇必须在屏幕上吃一些食物。这些食物随机出现在一些地方。当蛇吃到一块食物时，分数会增加 10 分，然后食物将移动到一个新的地方。你可以为食物角色制作多种造型（请参照第 42 页的“水果捕手”游戏获取帮助）。

挑战 2 跳跃霸王龙

使用“跳跃仙人掌”游戏中的方法，但以霸王龙作为主要角色。删除一些霸王龙的造型，然后复制。编辑图形使腿部看起来如左图所示。通过使仙人掌运动的速度加倍，让游戏的难度更大。随着游戏的进行，仙人掌将变得越来越大的方法（有关如何随着游戏的进行增加角色的大小，请参照第 50 页的“彩色之墙”）。

挑战 3 超级塔

设计一个更精致的塔来改进第 66 页的游戏。现实生活中的纪念碑或摩天大楼可以给你灵感。增加一些元素，使塔看起来更美观。创建一个名为 floor level 的变量，开始时将这个变量重置为 1，在每添加一层时将其增加。添加一个 if 语句来检查塔的层数是否大于 6 或 7。如果是的话，换成下一个造型。

挑战 4 收集游戏

查看“充电机器人”的代码，设计你自己的收集游戏。选择你自己的背景和角色。收集每一个角色你会得到多少分？为什么不加些外星人角色呢？将游戏设计为碰到外星人会让你的分数减少，将分数改为负数就可以做到这点（请参照第 70 页的代码获取帮助）。

挑战 5 汉堡杀手入侵

使用第 74 页的“甜甜圈入侵”游戏中的代码，来帮助你创作自己的入侵游戏（也许是汉堡杀手），自由地设定你将拥有几条生命、摧毁一个汉堡得多少分。

制作自己的积木

随着程序变得越来越大和复杂，程序可能会出现问题，调试或修复它们会变得更加困难。如果你在几周后回看一个程序，记住它是如何运行的，以及哪个部分做了哪些工作可能很棘手。在本章中，我们通过将程序分成不同的部分使其更易于阅读。要在 Scratch 中完成这项工作，你需要创建自己的积木（也被称作函数）。

创建函数

要在 Scratch 中创建自己的函数，请按照以下的步骤操作。

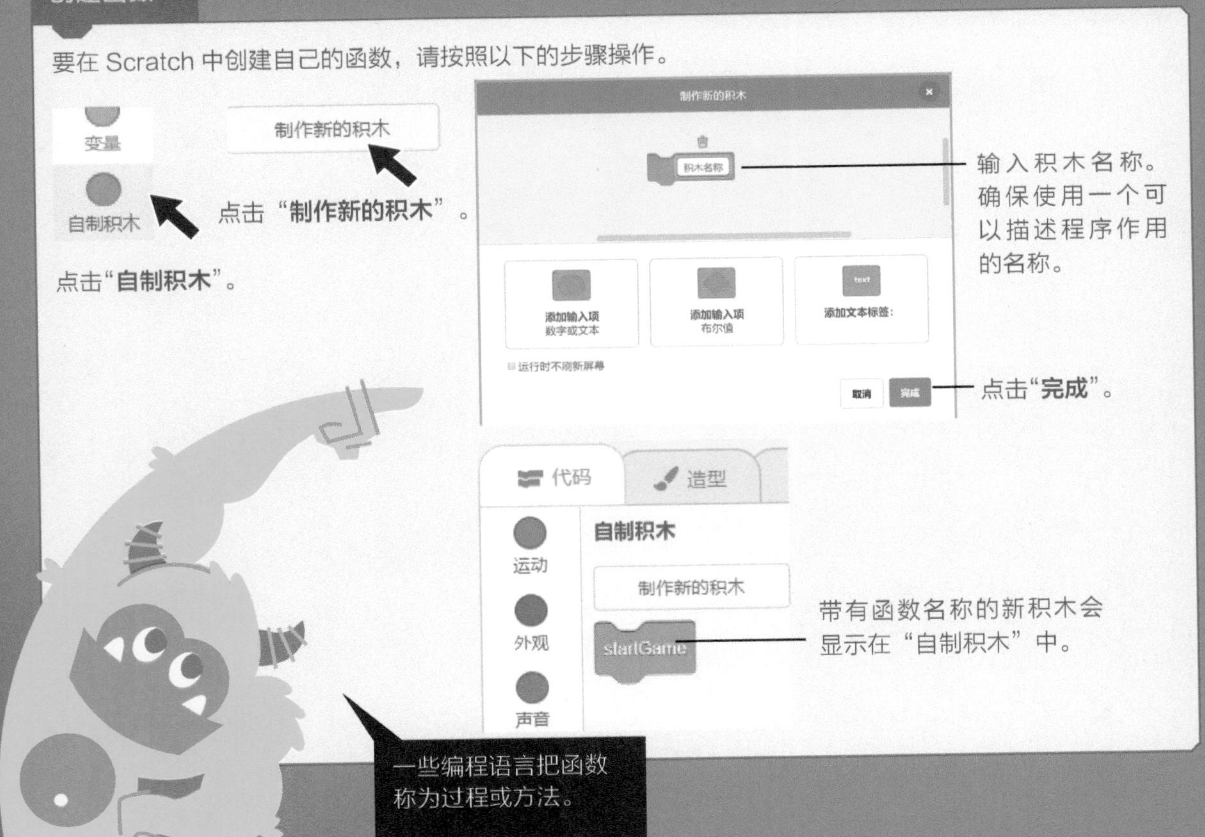

定义函数

请按照以下步骤，告诉 Scratch 你的函数要做什么。

在使用函数时拖曳要运行的积木。

在这里，你将在游戏开始时使用 startGame 函数。这意味着你需要添加在游戏开始时想要运行的任何代码，例如重置得分。

使用函数

要使用你创建的函数，只需将其拖曳到你的代码中即可。

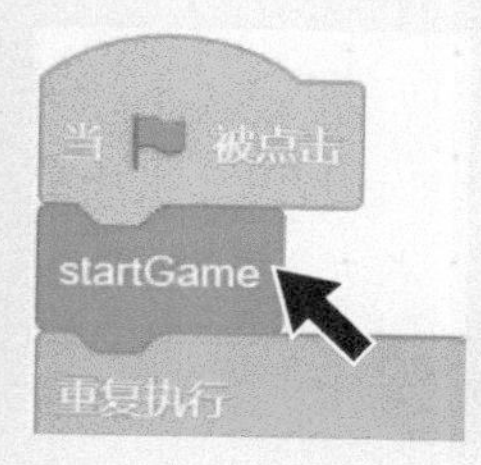

定义自己的积木，将程序分成具有逻辑关系的几个部分有很多好处。它使你的代码更易于阅读，你不必一遍又一遍地重复一段代码，你可以在其他程序中重用代码，你可以改写函数来做不同的事情。

星空洞

你将以不同的方式创建这个游戏。创建自己的积木，可以使程序更易于理解。创建自己的积木还将允许你重用一些代码，而不必重复编程。在游戏中，你将引导机器人穿过洞穴走向星星。鼠标指针将用于控制机器人的前进方向。

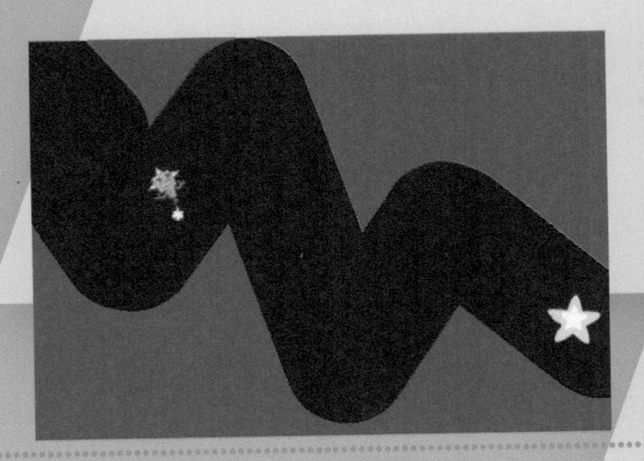

1. 删除猫

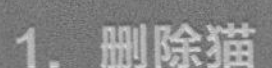

删除猫。

2. 选择背景

在角色面板点击“**舞台**”图标（在屏幕的右下角）。

点击“**背景**”标签。

3. 开始绘制

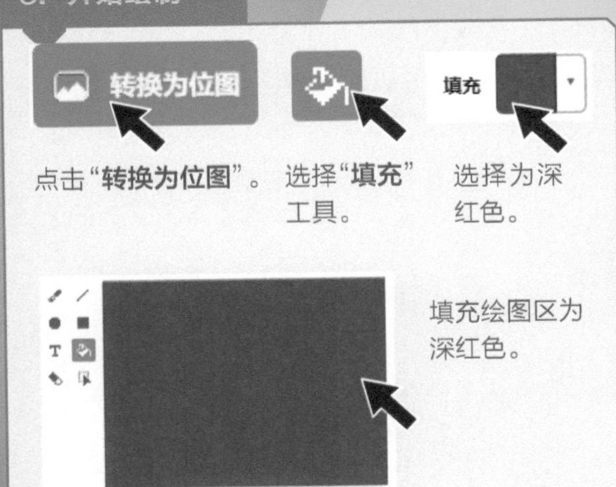

点击“**转换为位图**”。

选择“**填充**”工具。

选择为深红色。

填充绘图区为深红色。

前往第14页查看如何设置颜色。

4. 设置画笔样式

选择“**画笔**”

选择黑色。

输入**100**，使画笔变得非常粗。

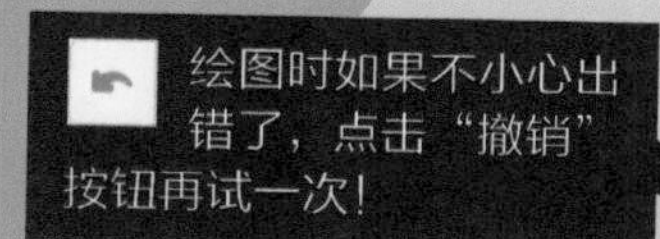

5. 绘制道路

使用“**画笔**”工具绘制一条穿过洞穴的道路。

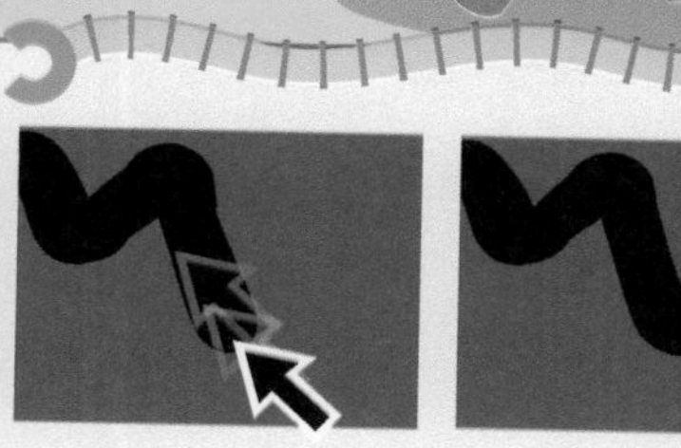

在第一条线下方绘制第二条线，使道路更宽。

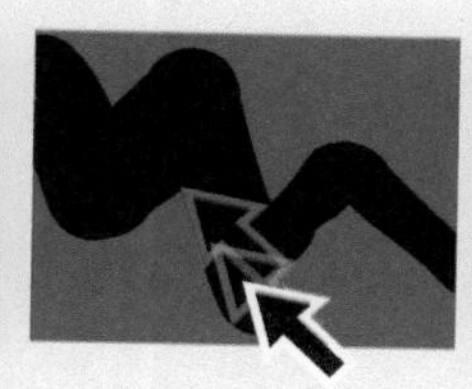

6. 添加星星

点击“**选择一个角色**”按钮。

浏览角色，点击星星（**Star**）。

7. 添加机器人

点击“**选择一个角色**”按钮。

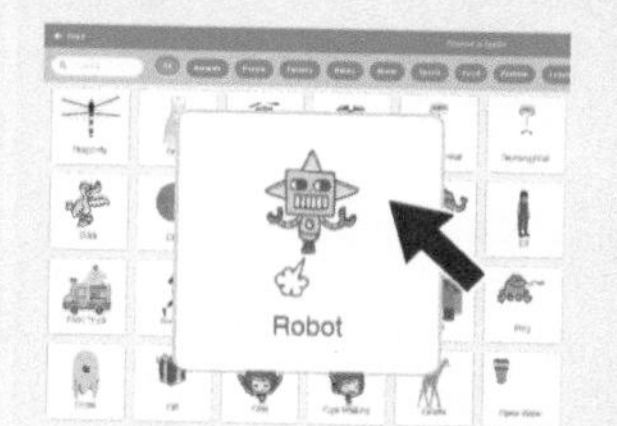

浏览角色，点击机器人（**Robot**）。

8. 制作新的积木

点击“**自制积木**”。

制作新的积木

点击“**制作新的积木**”。

输入 **startGame**。

点击“**完成**”。

定义 startGame

名为 **startGame** 的粉红色积木会出现在代码区。

游戏开始时将运行此代码，这样可以确保机器人位于正确的位置。

9. 为新建积木添加代码

拖曳以下积木来定义 **startGame** 积木：

10. 制作另一个新的积木

点击“**制作新的积木**”，输入 **moveRobot** 作为函数名称。

点击“**完成**”。

拖曳以下代码：

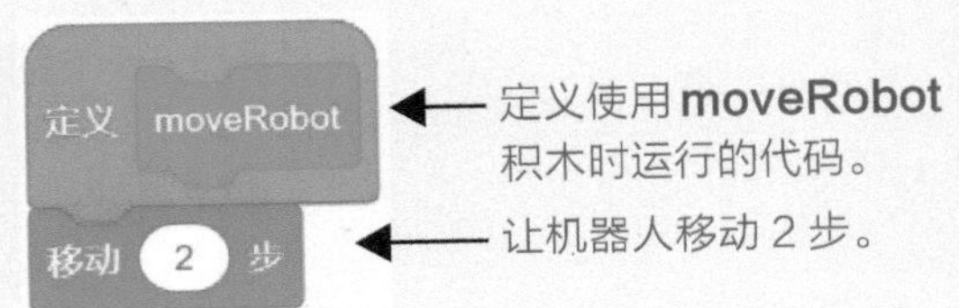

11. 制作新的积木来操控机器人

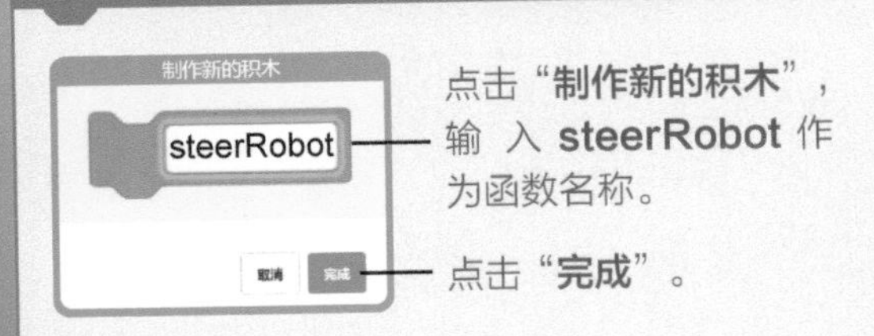

点击“**制作新的积木**”，输入 **steerRobot** 作为函数名称。

点击“**完成**”。

拖曳以下代码：

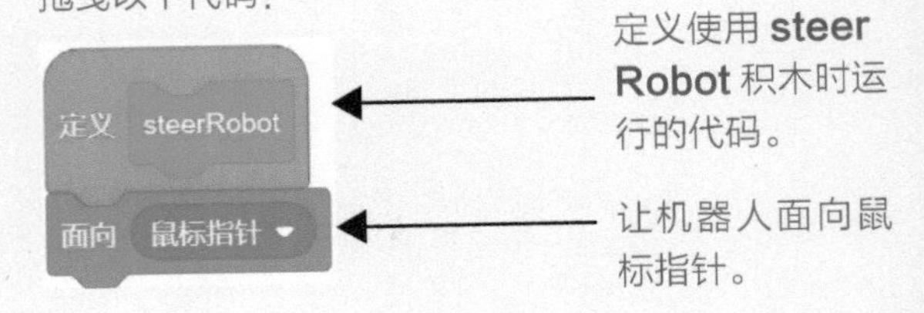

到目前为止，你已经定义了开始游戏、移动机器人和操控机器人的积木。

现在你需要为赢得比赛制作一个积木！

输了比赛，哎哟！

12. 赢得比赛时

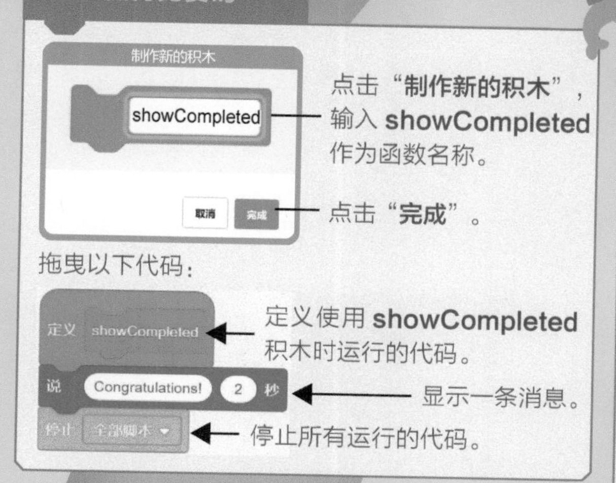

点击“**制作新的积木**”，输入 **showCompleted** 作为函数名称。

点击“**完成**”。

拖曳以下代码：

定义使用 **showCompleted** 积木时运行的代码。

显示一条消息。

停止所有运行的代码。

13. 输掉比赛时

点击“**制作新的积木**”，输入 **lostGame** 作为函数名称。

点击“**完成**”。

拖曳以下代码：

定义使用 lostGame 积木时运行的代码。

显示一条消息。

14. 将所有代码放在一起

定义好所需的积木后，就可以使用它们了！将它们与其他简单的控制和侦测积木组合起来以完成代码。拖曳这些积木：

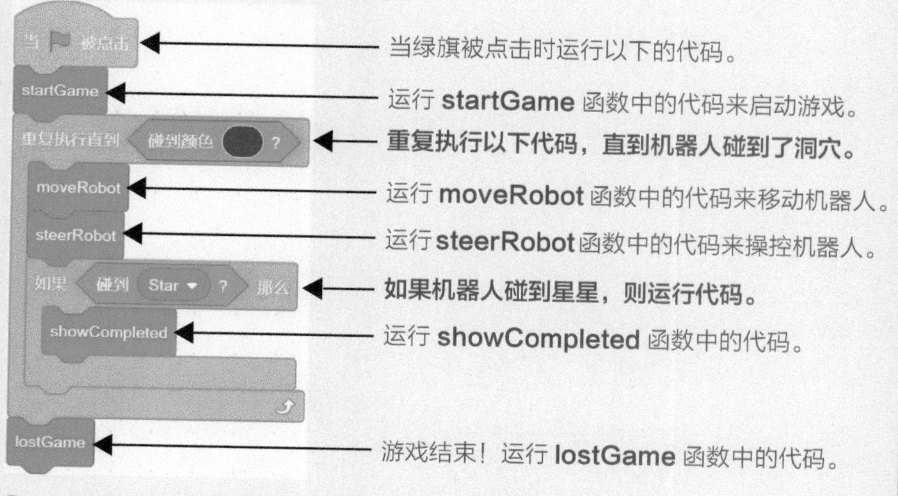

当绿旗被点击时运行以下的代码。

运行 **startGame** 函数中的代码来启动游戏。

重复执行以下代码，直到机器人碰到了洞穴。

运行 **moveRobot** 函数中的代码来移动机器人。

运行 **steerRobot** 函数中的代码来操控机器人。

如果机器人碰到星星，则运行代码。

运行 **showCompleted** 函数中的代码。

游戏结束！运行 **lostGame** 函数中的代码。

点击绿旗测试你的代码。尝试引导机器人穿过洞穴走向星星。

准备好迎接挑战了吗？请前往第110页创作“穿越隧道”游戏。

太空玉米卷

这个游戏类似于你在第 3 章中制作的一些简单的游戏，如“与鲨鱼共舞”或“水果捕手”。这一次你将创建自己的积木，使游戏更容易理解和改编。在这个游戏中，玩家必须用鼠标引导狗去吃玉米卷。在 30 秒的限制内，吃掉尽可能多的玉米卷！

1. 删除猫

删除猫。

2. 选择背景

点击“**选择一个背景**”按钮。

找到 **Stars**，点击它，把它设置为背景。

3. 添加角色

点击“**选择一个角色**”按钮。

浏览角色，点击 **Dog**。

4. 建立一个分数变量

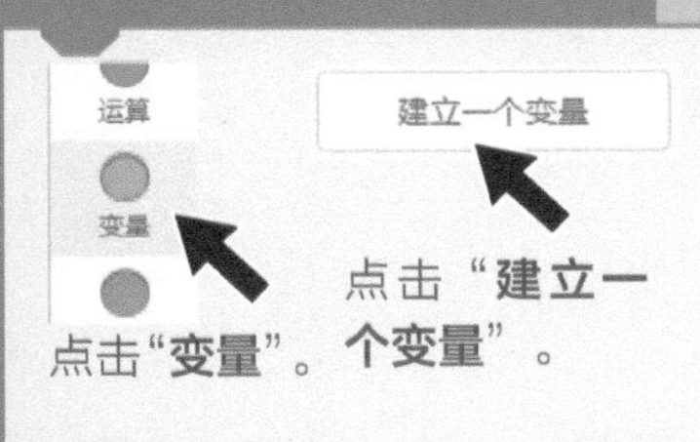

点击“**变量**”。

点击“**建立一个变量**”。

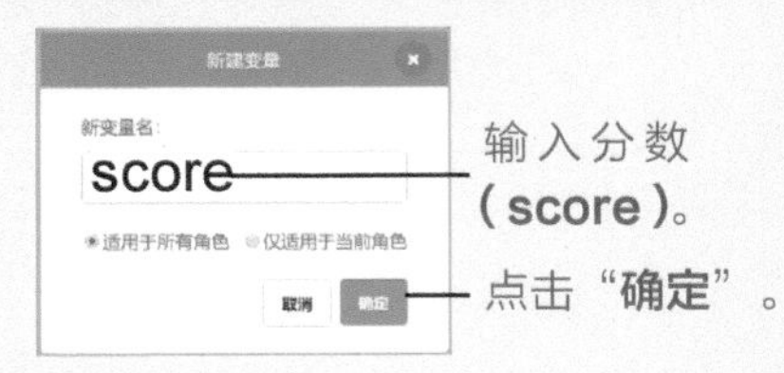

输入分数（**score**）。

点击“**确定**”。

5. 制作新的积木

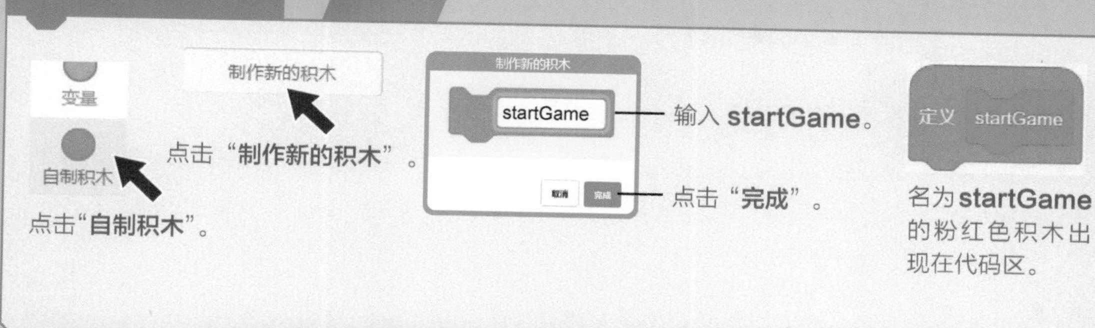

点击“**自制积木**”。

点击“**制作新的积木**”。

输入 **startGame**。

点击“**完成**”。

名为**startGame**的粉红色积木出现在代码区。

6. 为新的积木添加代码

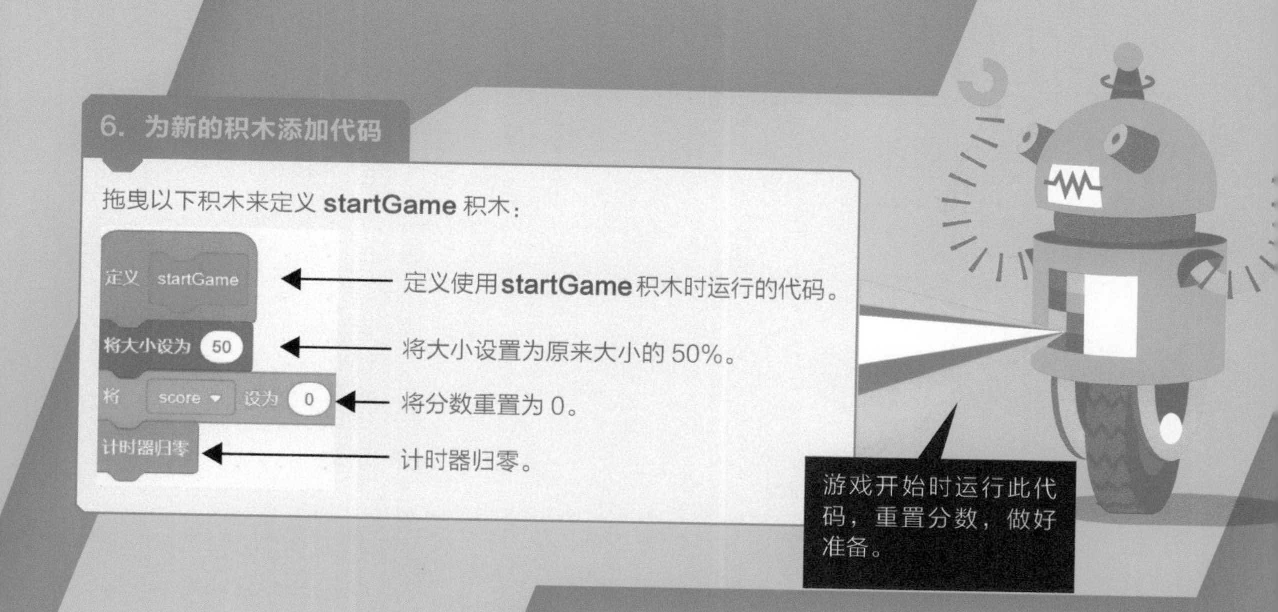

拖曳以下积木来定义 **startGame** 积木：

定义使用**startGame**积木时运行的代码。

将大小设置为原来大小的50%。

将分数重置为0。

计时器归零。

游戏开始时运行此代码，重置分数，做好准备。

7. 制作另一个新的积木

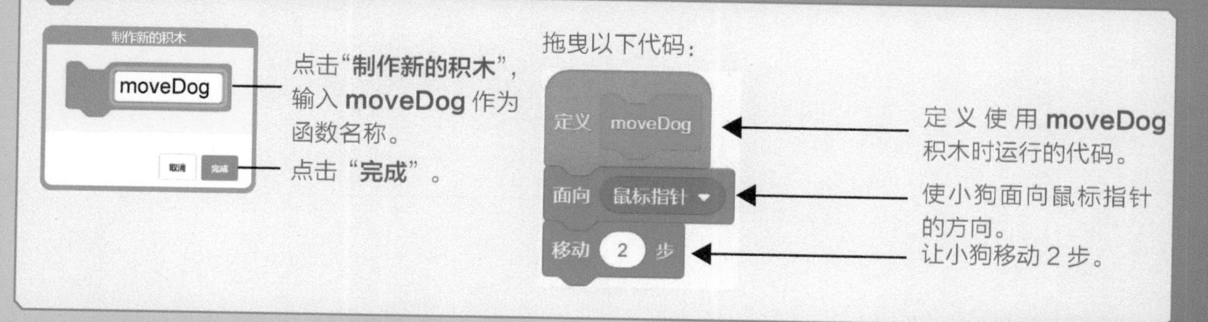

点击“**制作新的积木**”，输入 **moveDog** 作为函数名称。

点击“**完成**”。

拖曳以下代码：

定义使用 **moveDog** 积木时运行的代码。

使小狗面向鼠标指针的方向。

让小狗移动2步。

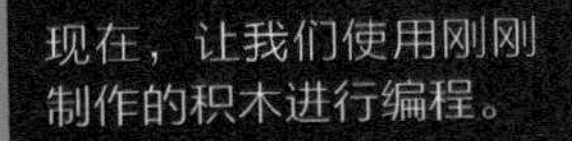

8. 将代码组合

你已经定义了开始游戏和让小狗移动的积木。现在将它们与其他代码组合在一起。拖曳下面的这些积木：

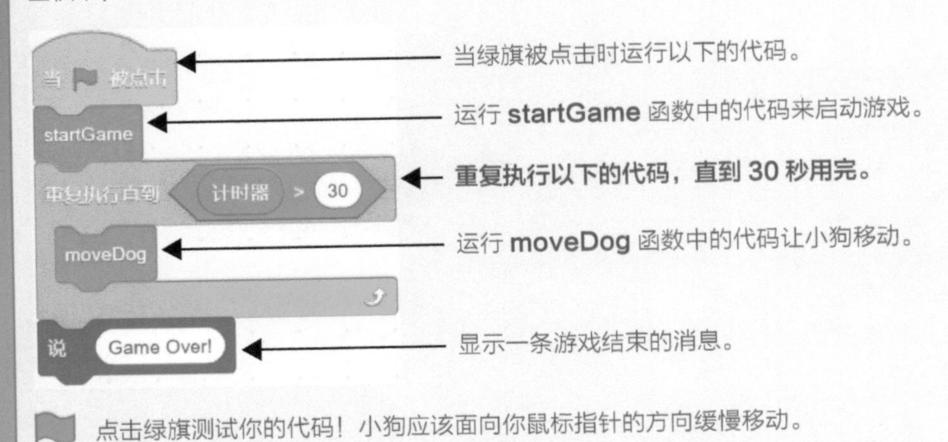

点击绿旗测试你的代码！小狗应该面向你鼠标指针的方向缓慢移动。

9. 添加玉米卷

10. 制作新的积木，设置玉米卷的位置

你需要一个函数，将玉米卷移到随机位置。

拖曳以下代码：

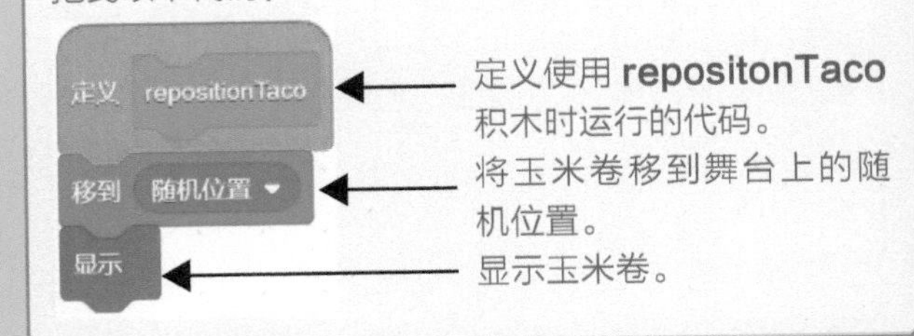

11. 检查玉米卷是否被吃掉

点击“制作新的积木”，输入**checkIfEaten**作为函数名称。

拖曳以下代码，检查玉米卷是否被小狗吃掉：

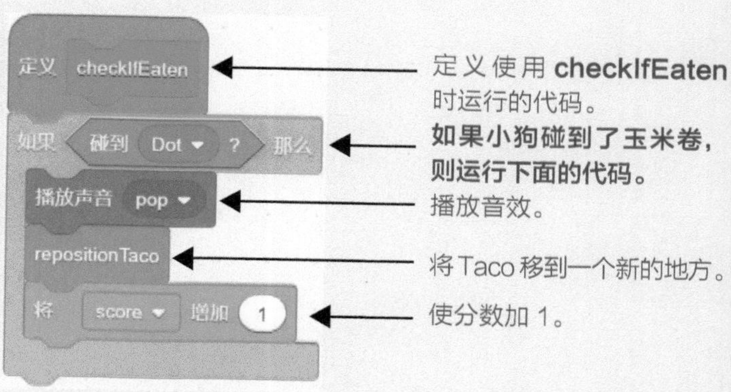

12. 将所有代码放到一起

你已经定义了重新放置玉米卷和检查玉米卷是否被吃掉的积木。现在将它们与其他代码放在一起。拖曳以下的积木：

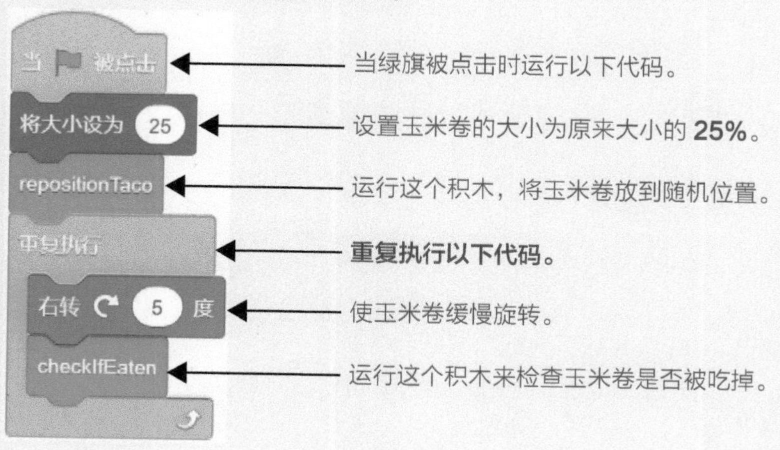

点击绿旗测试你的代码！带领小狗围着屏幕吃光玉米卷。

准备好迎接挑战了吗？请前往第 110 页创建使用函数的收集游戏。

双人足球

这是一个很棒的双人游戏，每个玩家都必须努力进球。在绘制足球场和球门网之后，开始编程。使用函数将使代码更清晰，也更易于改写。

1. 删除猫

删除猫。

2. 选择背景

在角色面板点击“**舞台**”（在屏幕的右下角）。

点击“**背景**”标签。

3. 开始绘制

点击“**转换为位图**”按钮。

选择“**线段**”工具。

选择白色。

线段粗细设置为5。

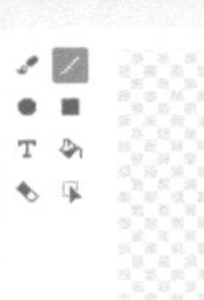

在绘图区的中间小心地画一条线（寻找中心标记）。

4. 绘制中心圆

选择工具“**圆**”。

选择“**轮廓**”。

拖动鼠标在中心画一个圆。

按住Shift键可画出一个正圆。

5. 填充球场

填充球场为深绿色。

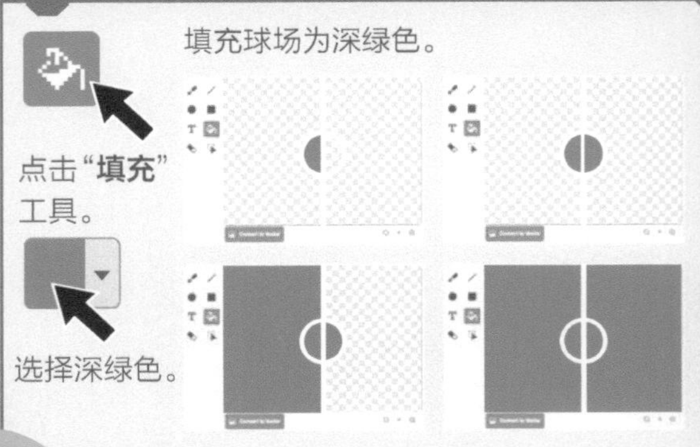

点击“**填充**”工具。

选择深绿色。

6. 添加角色

让鼠标指针悬停在“**选择一个角色**”按钮上。

点击“**绘制**”。

为了更容易看到球门，你可以先用黑色画出来，然后在最后把它改成白色。

7. 绘制球门

点击“**转换为位图**”按钮。

选择“**线段**”按钮。

选择黑色。

在绘图区的中心绘制一条短的竖线。

点击“**放大**”3次，这样可以更好地看到线段。

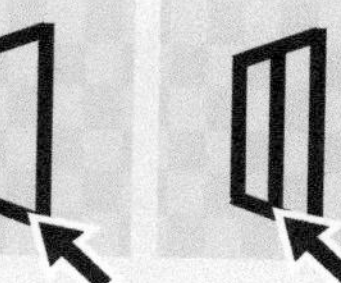

使用鼠标绘制球门网的其余部分。

选择“**填充**”工具。

选择白色。

填充球门为白色。

重命名球门角色，使你的代码更容易理解。

8. 重命名球门

点击角色文本框，输入 **blue goal** 后按回车键。

9. 复制球门

右键点击角色列表里的球门角色。

点击“**复制**”。

10. 翻转新球门

点击“**选择**”工具。

点击“**水平翻转**”。

球门现在看起来像这样。

11. 重命名新球门

角色 red goal

点击角色文本框，输入 **red goal** 后按回车键。

角色列表现在看起来像这样。

12. 添加角色

让鼠标指针悬停在“**选择一个角色**”按钮上。

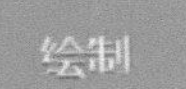

点击“**绘制**”。

13. 绘制玩家

点击“**转换为位图**”按钮。

选择“**矩形**”按钮。

选择蓝色。

在绘图区的中心，绘制一个与球门大小一样的蓝色矩形。

14. 为玩家重新命名

在角色列表为玩家重新命名。

15. 给玩家编程

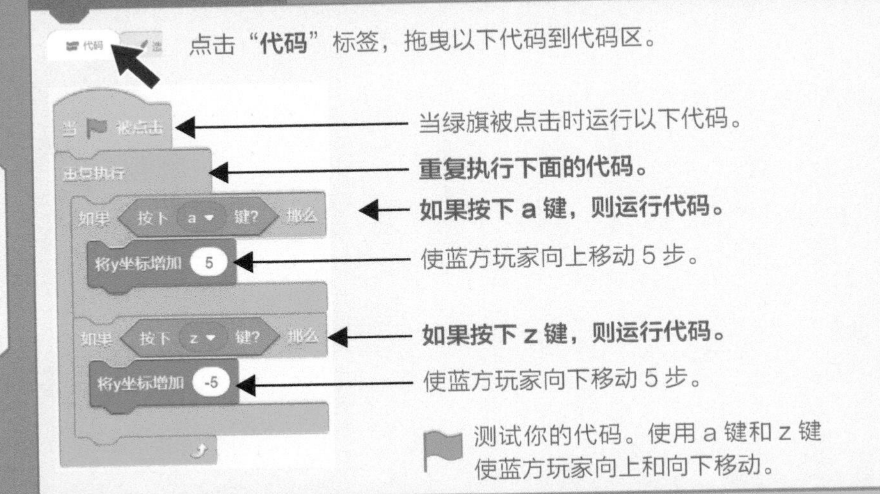

点击“**代码**”标签，拖曳以下代码到代码区。

当绿旗被点击时运行以下代码。

重复执行下面的代码。

如果按下 a 键，则运行代码。

使蓝方玩家向上移动 5 步。

如果按下 z 键，则运行代码。

使蓝方玩家向下移动 5 步。

测试你的代码。使用 a 键和 z 键使蓝方玩家向上和向下移动。

16. 复制玩家

右键点击角色列表里的蓝方玩家。

点击“**复制**”。

17. 修改代码

该玩家将由不同的键控制，修改控制玩家的代码：

修改  为 

修改  为

18. 重命名/重新着色

在角色列表里，把角色重命名为 red player 后按回车键。

点击“**造型**”标签。

点击“**填充**”工具。

选择红色。

在矩形内点击，将其填充为红色。

19. 添加足球

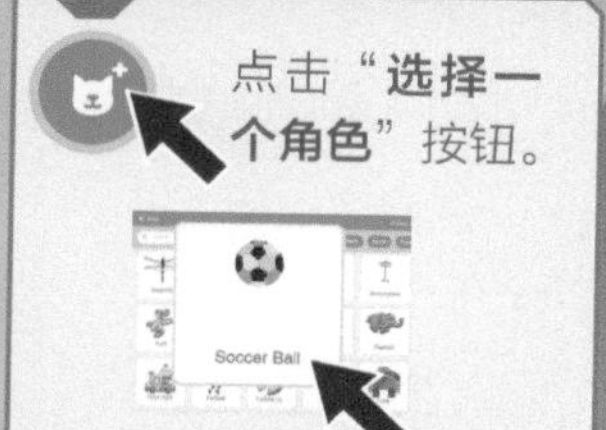

点击“**选择一个角色**”按钮。

选择足球（Soccer Ball）。

20. 导入音效

点击“**声音**”标签。

点击“**选择一个声音**”按钮。

浏览声音图标，找到 **Goal Cheer** 图标，点击导入。

再次点击“**选择一个声音**”，按钮。

浏览声音图标选择 **Kick Drum** 图标，点击导入。

21. 为红方建立一个变量

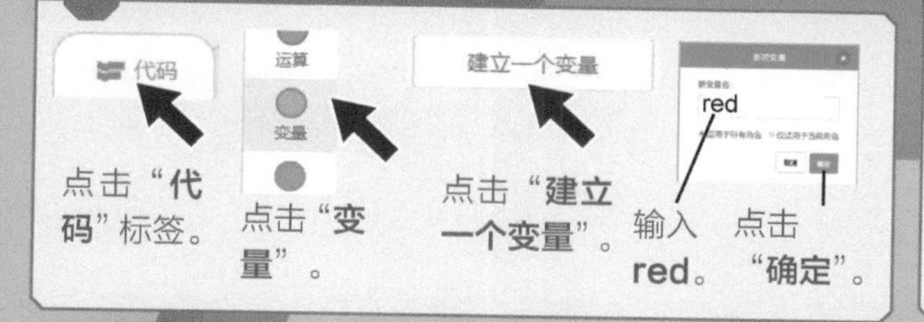

点击“**代**码”标签。

点击“**变量**”。

点击“**建立一个变量**”。

输入 **red**。

点击“**确定**”。

22. 为蓝方建立一个变量

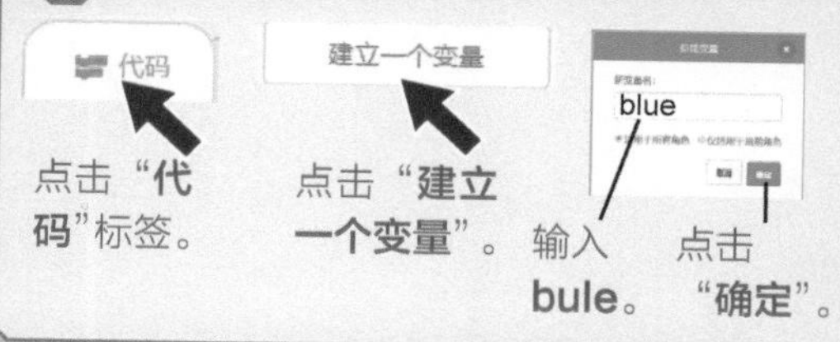

点击“**代**码”标签。

点击“**建立一个变量**”。

输入 **bule**。

点击“**确定**”。

现在让我们制作新的积木来控制游戏开始要做的事情。

23. 制作新的积木

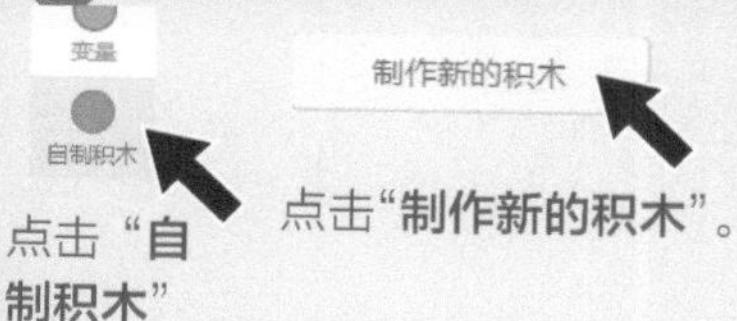

点击“**自制积木**”

点击“**制作新的积木**”。

输入 **startGame**。

点击“**完成**”。

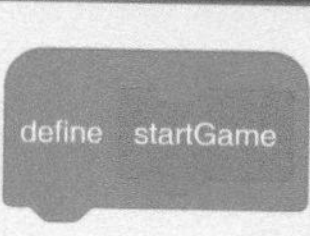

名为 **startGame** 的粉红色积木会出现在代码区。

24. 给 startGame 添加代码

拖曳以下积木来定义 startGame 积木：

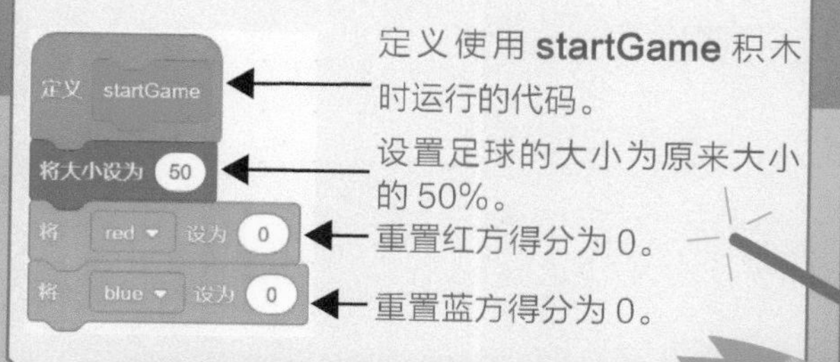

定义使用 **startGame** 积木时运行的代码。

设置足球的大小为原来大小的 50%。

重置红方得分为 0。

重置蓝方得分为 0。

游戏开始时运行此代码，重置分数并做好准备。

25. 制作另一个积木

点击“**制作新的积木**”，输入 **moveBall** 作为函数名称。

制作新的积木

moveBall

点击“**完成**”。

拖曳代码：

定义 moveBall

移动 6 步

碰到边缘就反弹

定义使用 moveBall 积木时运行的代码。

将足球向前移动 6 步。

如果足球碰到舞台边缘则反弹。

26. 制作新积木 takeCenter

点击“**制作新的积木**”，输入 **takeCenter** 作为函数名称。

点击“**完成**”。

拖曳以下代码，定义 takeCenter 函数：

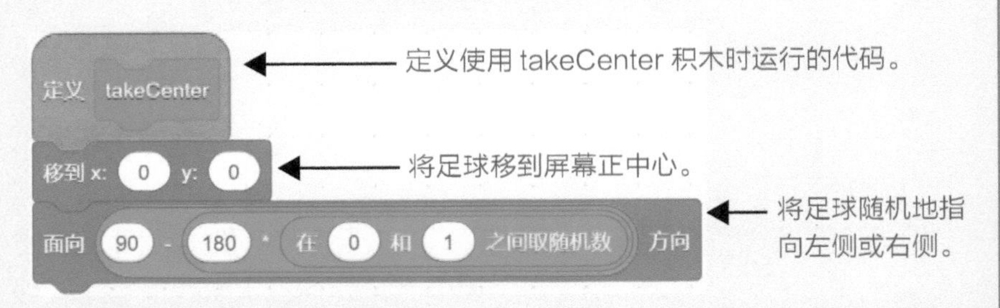

27. 制作新的积木检查是否进球

点击“**制作新的积木**”，输入 **checkForGoals** 作为函数名称。

点击“**完成**”。

拖曳以下代码，检查玩家是否进球。

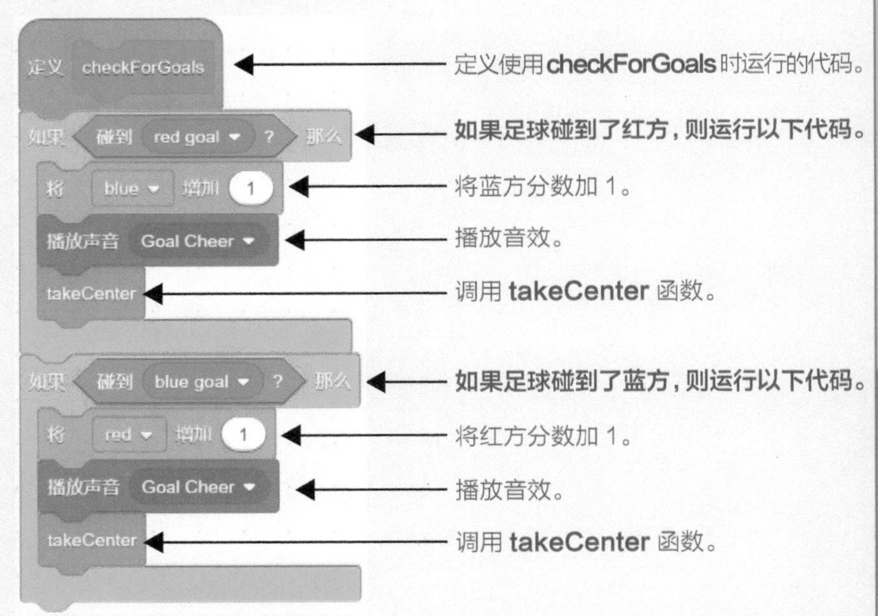

28. 如何检查球员何时踢球

点击“**制作新的积木**”，输入 **checkForKicks** 作为函数名称。

制作新的积木

checkForKicks

取消 完成

点击“**完成**”。

拖曳以下代码，检查玩家是否踢了球。如果玩家踢了球，需要让代码改变足球的方向。

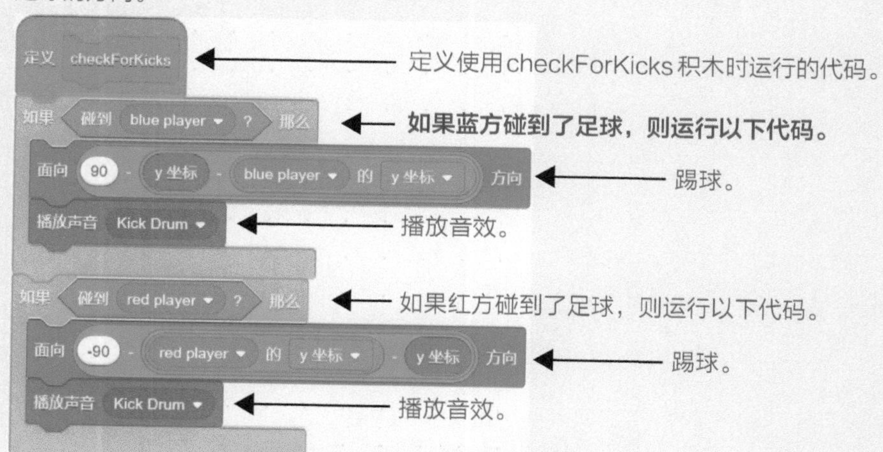

这些代码将使足球向另一个方向移动。球击中球员身体的不同部位时，球改变的角度也不同。

29. 组合所有代码

拖曳以下代码以完成程序。此代码将运行你定义的其他函数。

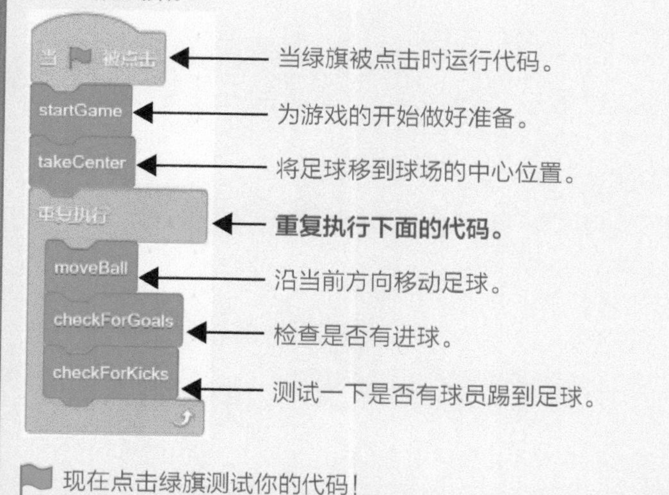

现在点击绿旗测试你的代码！

准备好迎接挑战了吗？请前往第 111 页的奇妙函游戏，尝试使用函数重新创作第 3 章中的一个游戏。

火箭赛手

在第 2 章中，你创建了一个名为“赛车”的双人游戏。现在你将创建另一种竞速游戏“火箭赛手”，玩家可以在舞台上进行火箭比赛。你将创建函数来移动火箭和小行星。

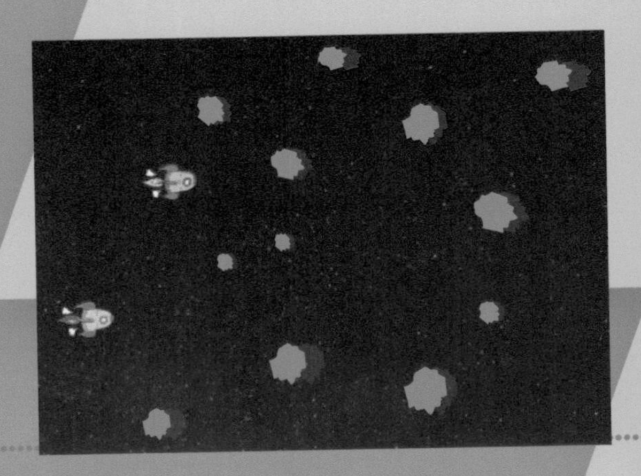

1. 删除猫

删除猫。

2. 添加背景

点击“**选择一个背景**”。

找到 **Stars**，点击它，把它设置为背景。

3. 添加角色

让鼠标指针悬停在“**选择一个角色**”按钮上。

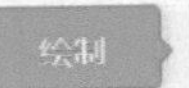

点击“**绘制**”。

4. 绘制小行星

使用“线段”工具绘制小行星。

点击“**转换为位图**”。

选择“**线段**”工具。

选择绿色。

选择“**填充**”工具。

填充小行星为绿色。

5. 建立一个速度变量

点击“代码”标签。

点击“变量”。

点击“建立一个变量”。

输入 speed。

点击“确定”。

点击此选项可使每个小行星以不同的速度运动。

6. 制作新的积木

点击“自制积木”。

点击“制作新的积木”。

输入 createAsteroid。

点击“完成”。

名为 createAsteroid 的粉红色积木会出现在代码区。

7. 给 createAsteroid 添加代码

拖曳以下积木来定义 createAsteroid 积木：

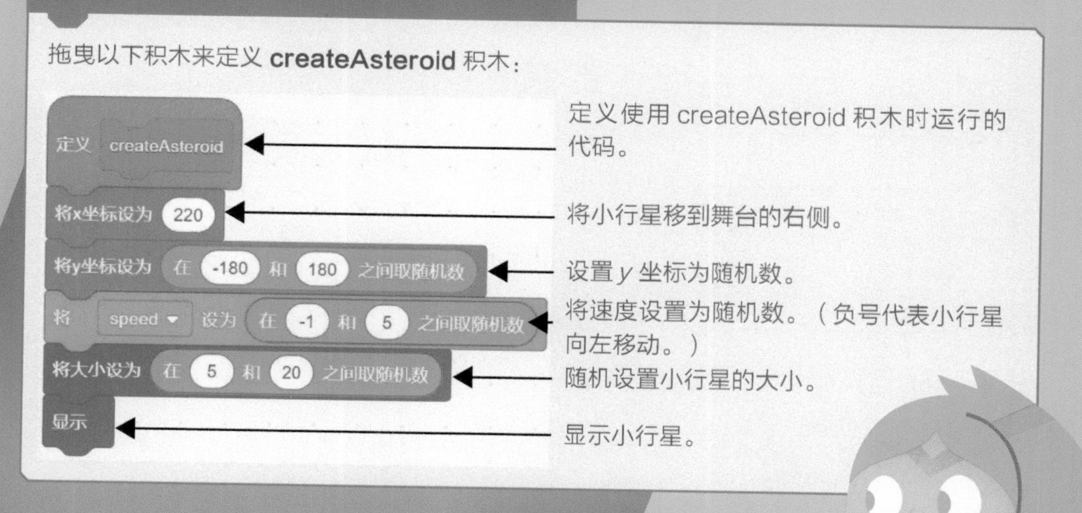

定义使用 createAsteroid 积木时运行的代码。

将小行星移到舞台的右侧。

设置 *y* 坐标为随机数。

将速度设置为随机数。（负号代表小行星向左移动。）

随机设置小行星的大小。

显示小行星。

8. 制作新的积木让小行星移动

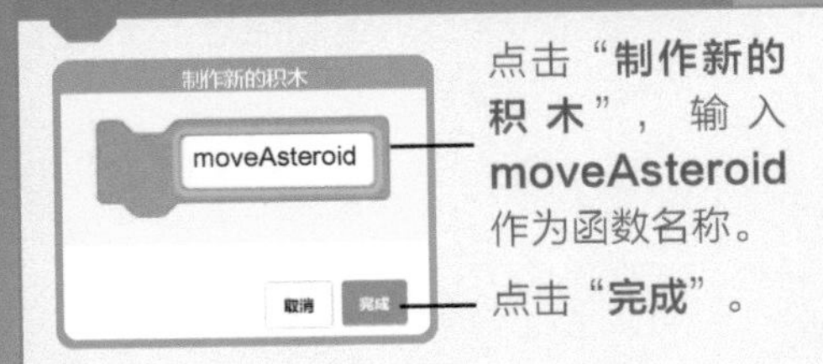

点击“**制作新的积木**”，输入 **moveAsteroid** 作为函数名称。

点击“**完成**”。

拖曳以下代码：

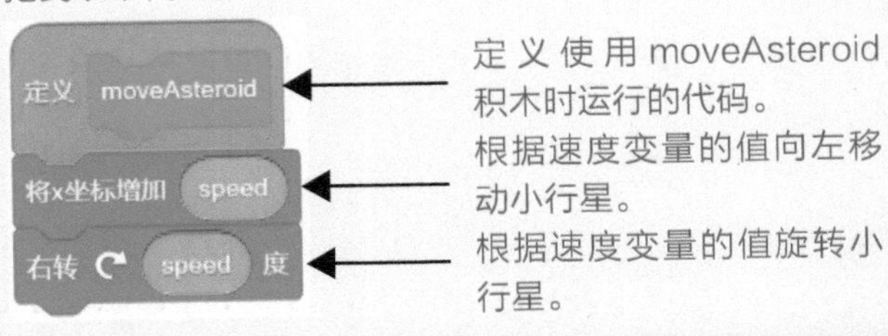

定义使用 moveAsteroid 积木时运行的代码。

根据速度变量的值向左移动小行星。

根据速度变量的值旋转小行星。

9. 合并小行星的代码

定义完所有积木后，将它们和其他代码放在一起。拖曳下面的积木：

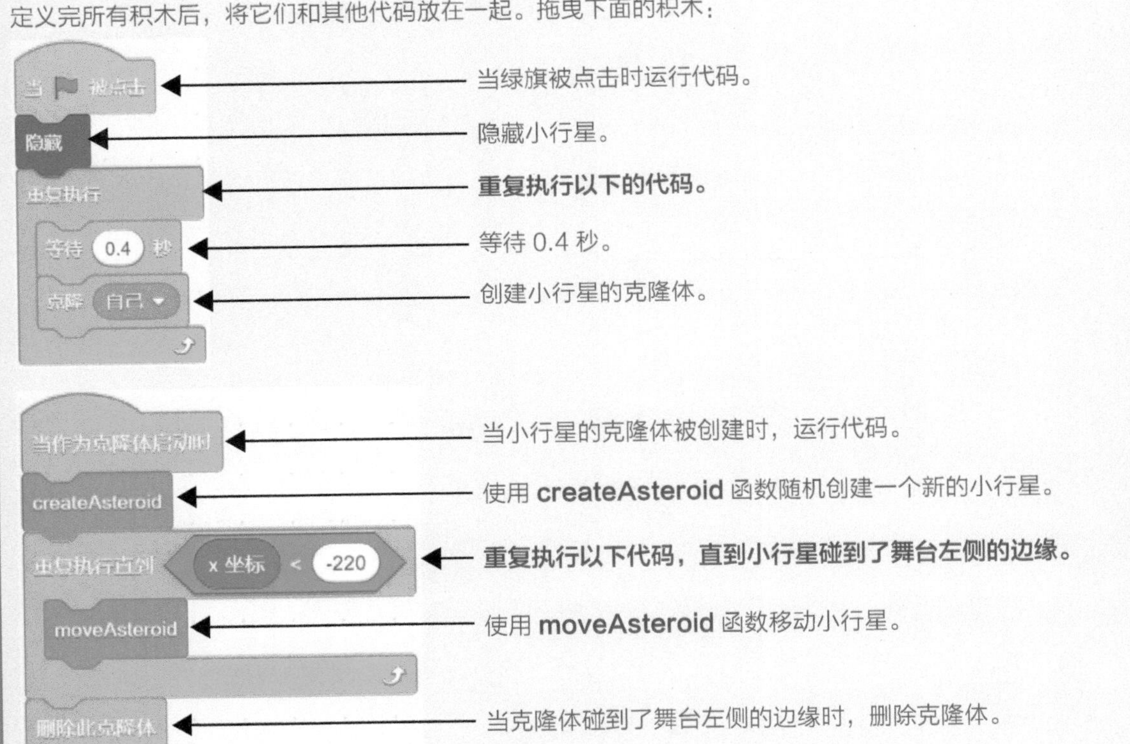

当绿旗被点击时运行代码。

隐藏小行星。

重复执行以下的代码。

等待 0.4 秒。

创建小行星的克隆体。

当小行星的克隆体被创建时，运行代码。

使用 **createAsteroid** 函数随机创建一个新的小行星。

重复执行以下代码，直到小行星碰到了舞台左侧的边缘。

使用 **moveAsteroid** 函数移动小行星。

当克隆体碰到了舞台左侧的边缘时，删除克隆体。

10. 添加角色

点击“**选择一个角色**”。

点击**Rocketship**。

11. 建立一个分数变量

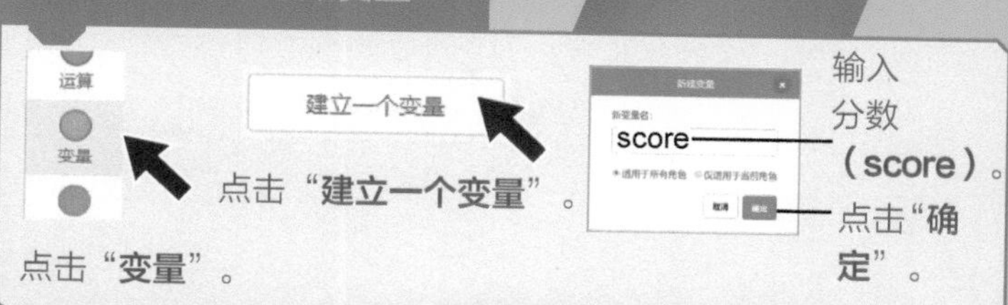

点击“**变量**”。

点击“**建立一个变量**”。

输入分数（**score**）。

点击“**确定**”。

12. 准备火箭

点击“**制作新的积木**”，输入准备火箭（**prepareRocket**）作为函数名称。

点击“**完成**”。

拖曳以下代码：

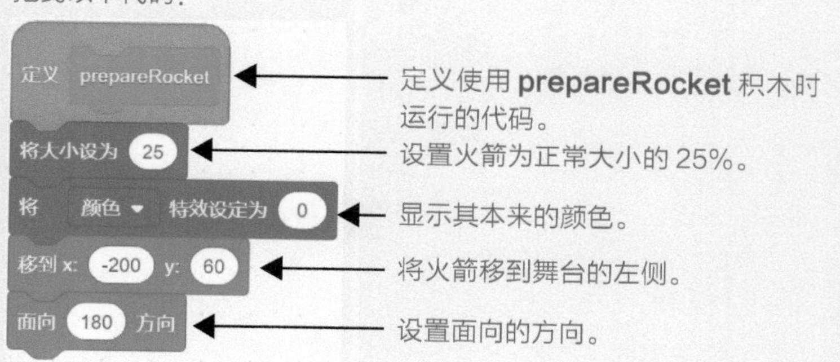

定义使用 **prepareRocket** 积木时运行的代码。

设置火箭为正常大小的 25%。

显示其本来的颜色。

将火箭移到舞台的左侧。

设置面向的方向。

13. 处理按键

点击“**制作新的积木**”，输入处理按键（**handleKeys**）作为函数名称。

点击“**完成**”。

拖曳以下代码：

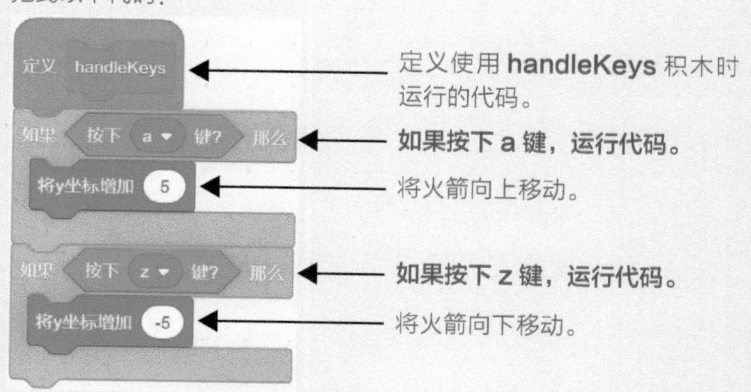

定义使用 **handleKeys** 积木时运行的代码。

如果按下 a 键，运行代码。

将火箭向上移动。

如果按下 z 键，运行代码。

将火箭向下移动。

14. 制作新的积木来移动火箭

点击“**制作新的积木**”，输入移动火箭（**moveRocket**）作为函数名称。

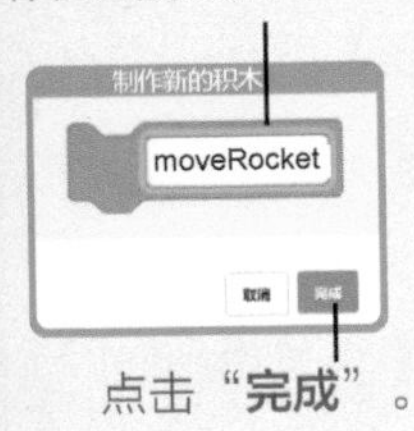

点击“**完成**”。

拖曳以下代码让火箭移动：

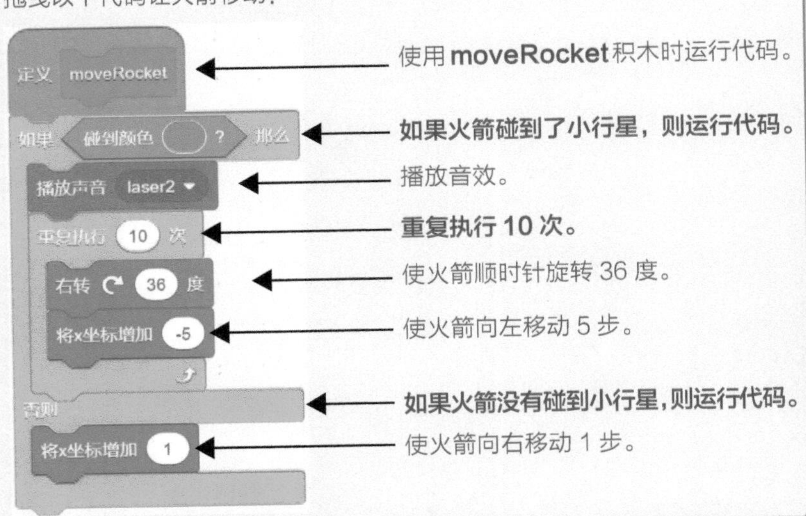

15. 把所有火箭的代码组合在一起

你已经定义了所有的火箭积木。现在将它们与其他代码组合起来。拖曳下面的积木：

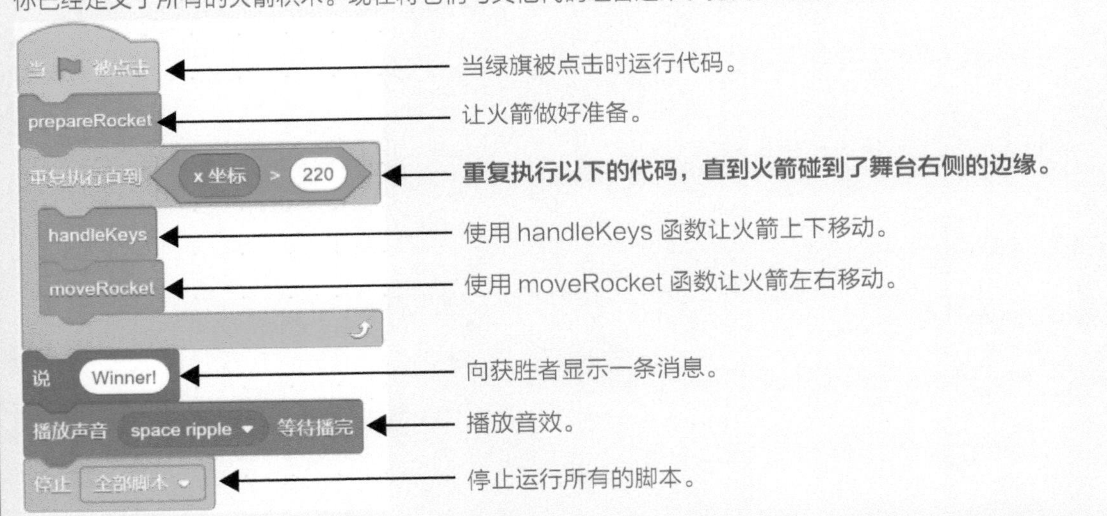

16. 添加另一个火箭

右键点击角色列表里的火箭（Rocketship）角色。

点击“**复制**”。

新的火箭会出现。

17. 修改代码

你可以用不同的按键来控制新火箭，使它变成不同的颜色。编辑代码如下：

在 **prepareRocket** 积木的定义里：修改 将 颜色 特效设定为 0 为 将 颜色 特效设定为 120

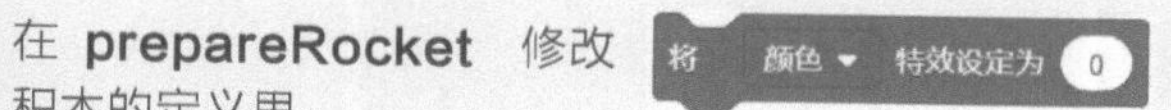

在 **handleKeys** 积木的定义里：

修改 按下 a 键? 为 按下 ↑ 键?

修改 按下 z 键? 为 按下 ↓ 键?

点击绿旗测试你的代码。

准备好迎接挑战了吗？请前往第 111 页尝试创建“函数对战”游戏。

接雪花

你将制作一个简单的接物游戏（类似于第 3 章中的“水果捕手”），并将其提升到一个新的水平。首先你将使用函数来创建游戏，然后还将添加一个说明页面并使用函数来显示。你将控制一个角色在屏幕上左右移动。游戏将持续 30 秒，在此期间你需要接到尽可能多的雪花。

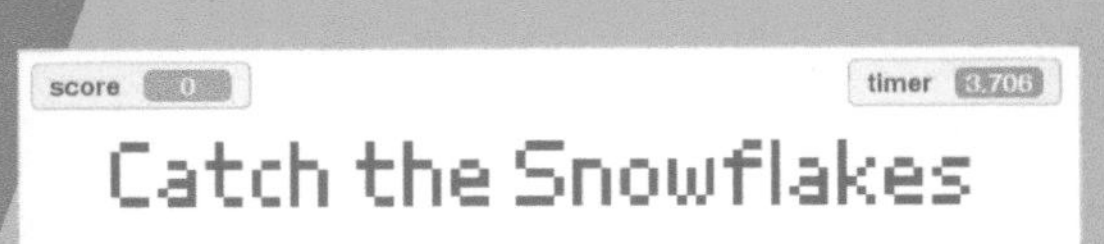

Use the arrow keys

Press SPACE to start

1. 删除猫

删除猫。

2. 选择背景

点击“**背景**”标签。

重命名背景为 **game**。

3. 添加背景

让鼠标指针悬停在“**选择一个背景**”按钮上。

点击“**绘制**”。

4. 重命名背景

重命名背景为 **instructions**。

5. 添加标题

点击“**转换为位图**”。

选择“**文本**”工具。

选择 **Pixel** 字体。

在绘图区点击输入游戏标题。

调整文本的大小和位置。

6. 添加更多的文本

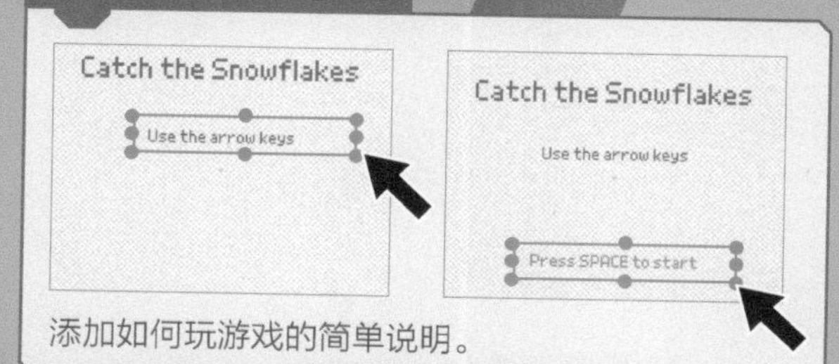

添加如何玩游戏的简单说明。

7. 绘制箭头

使用“**矩形**”工具绘制两个紫色矩形。

使用“**画笔**”工具在每个矩形上绘制一个白色箭头。

8. 添加角色

点击“**选择一个角色**”按钮。

浏览角色，点击 **Pico Walking**。

9. 建立一个分数变量

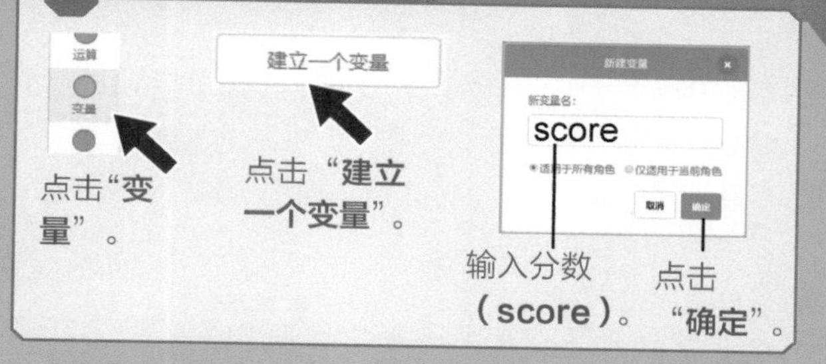

点击“**变量**”。

点击“**建立一个变量**”。

输入分数（**score**）。

点击“**确定**”。

10. 导入音效

点击“声音”标签。

点击“**选择一个声音**”按钮。

浏览声音图标，找到 **Techno** 图标，点击导入。

11. 显示计时器

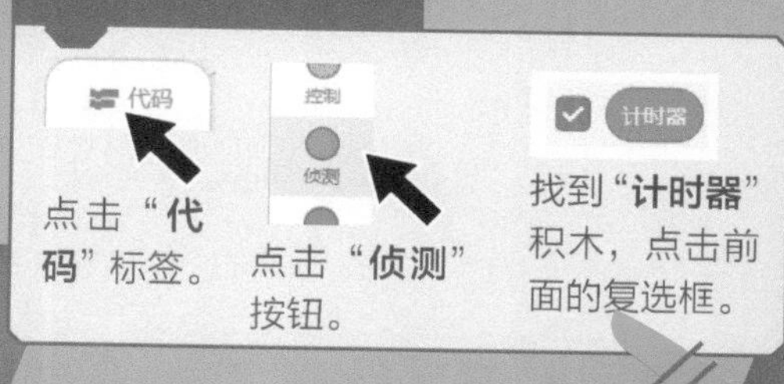

点击“**代码**”标签。

点击“**侦测**”按钮。

找到“**计时器**”积木，点击前面的复选框。

12. 制作新的积木

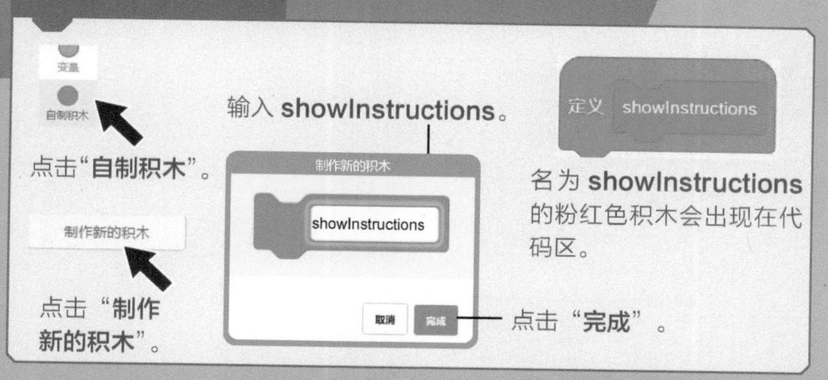

点击“**自制积木**”。

点击“**制作新的积木**”。

输入 **showInstructions**。

点击“**完成**”。

名为 **showInstructions** 的粉红色积木会出现在代码区。

计时器会显示游戏运行了多长时间。

13. 为 showInstructions 添加代码

拖曳以下积木来定义 showInstructions 积木：

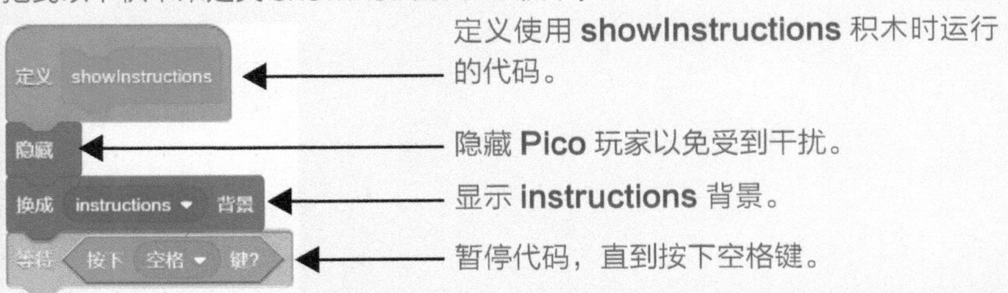

14. 定义 startGame 积木

点击“**制作新的积木**”，输入 **startGame** 作为函数名称。

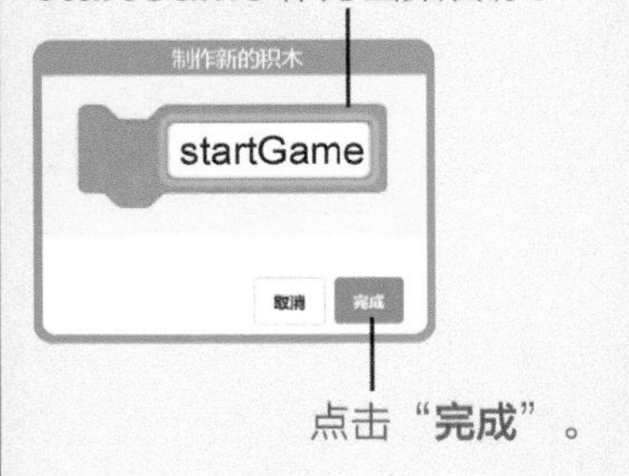

点击“**完成**”。

拖曳以下积木为游戏开始做好准备：

15. 处理按键

点击“**制作新的积木**”，输入 **handleKeys** 作为函数名称。

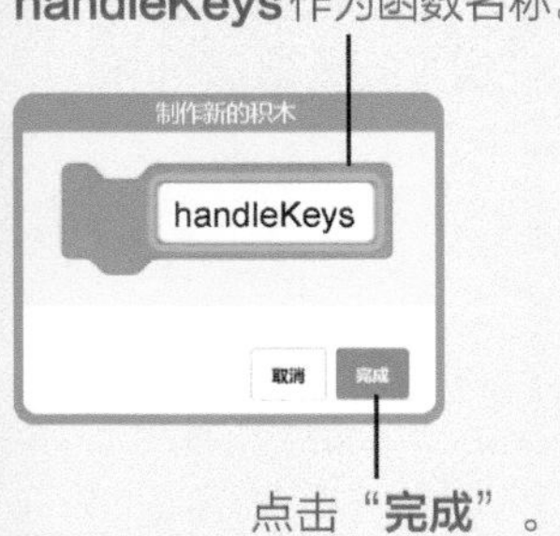

点击“**完成**”。

拖曳以下代码，控制按下方向键时玩家的移动：

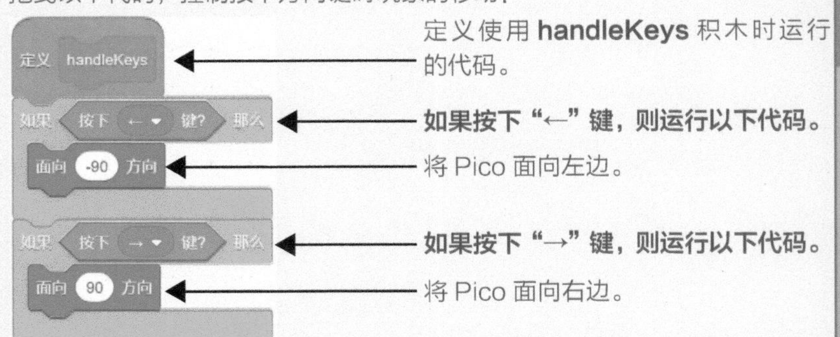

16. 定义 gameOver 积木

点击“**制作新的积木**”，输入 **gameOver** 作为函数名称。

点击“**完成**”。

拖曳以下代码，定义游戏结束时发生什么：

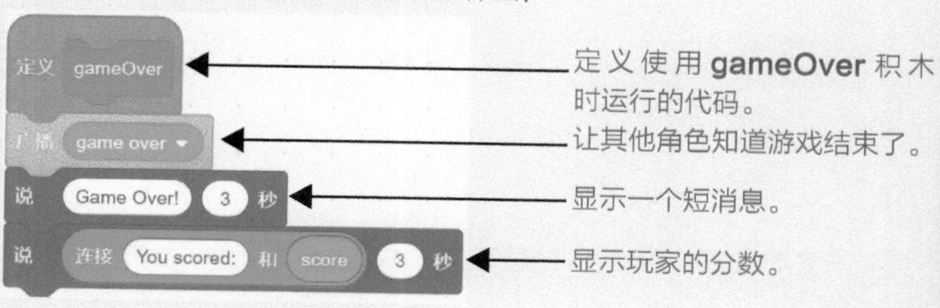

定义使用 **gameOver** 积木时运行的代码。

让其他角色知道游戏结束了。

显示一个短消息。

显示玩家的分数。

17. 所有的代码

你已经定义了开始游戏和移动 Pico 的积木。现在将它们与其他代码组合放在一起。拖曳下面的积木：

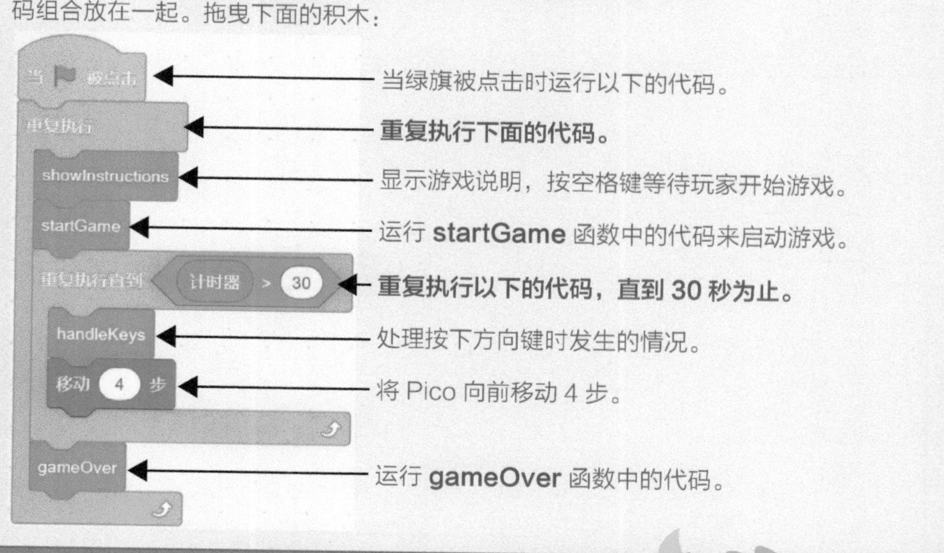

当绿旗被点击时运行以下的代码。

重复执行下面的代码。

显示游戏说明，按空格键等待玩家开始游戏。

运行 **startGame** 函数中的代码来启动游戏。

重复执行以下的代码，直到 30 秒为止。

处理按下方向键时发生的情况。

将 Pico 向前移动 4 步。

运行 **gameOver** 函数中的代码。

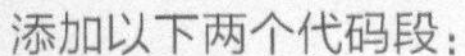

18. 添加声音和动画

添加以下两个代码段：

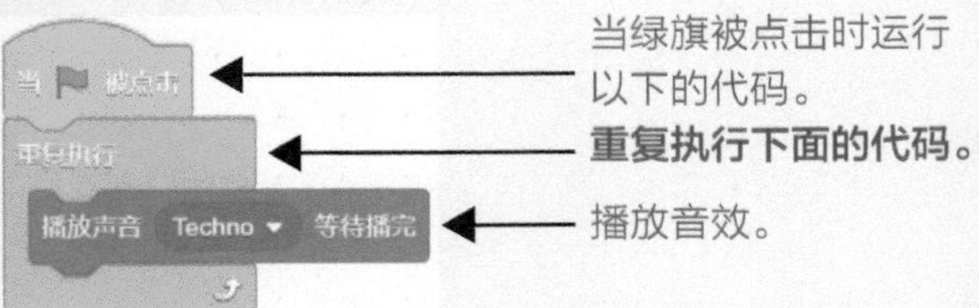

当绿旗被点击时运行以下的代码。

重复执行下面的代码。

播放音效。

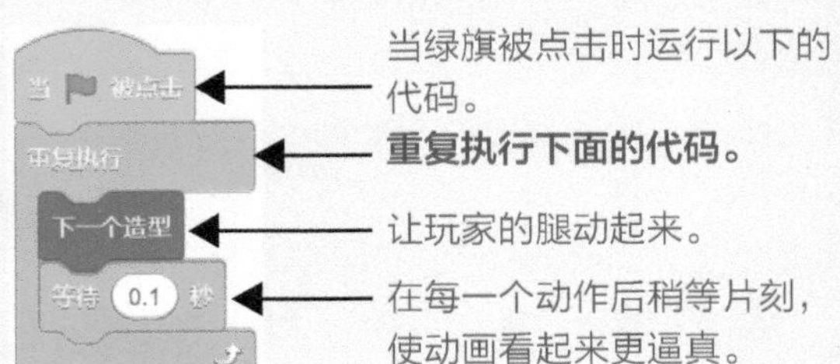

当绿旗被点击时运行以下的代码。

重复执行下面的代码。

让玩家的腿动起来。

在每一个动作后稍等片刻，使动画看起来更逼真。

测试你的代码！你会看到游戏说明出现。按下“←”键和“→”键尝试移动玩家。

19. 添加雪花

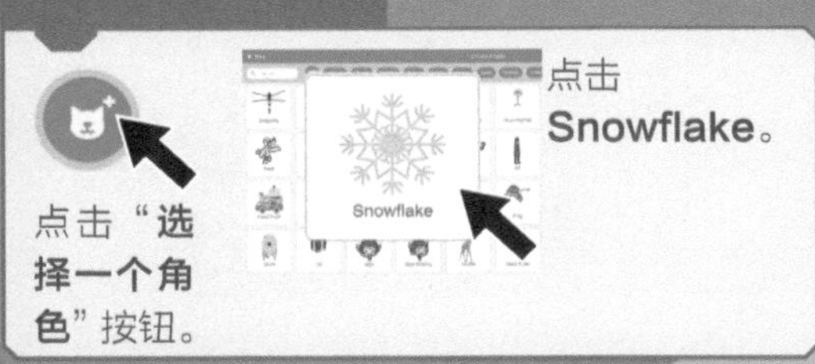

点击“**选择一个角色**”按钮。

点击 **Snowflake**。

20. 导入音效

点击“**声音**”标签。

点击“**选择一个声音**”按钮。

浏览声音图标选择 **Teleport2**。

21. 制作新的积木

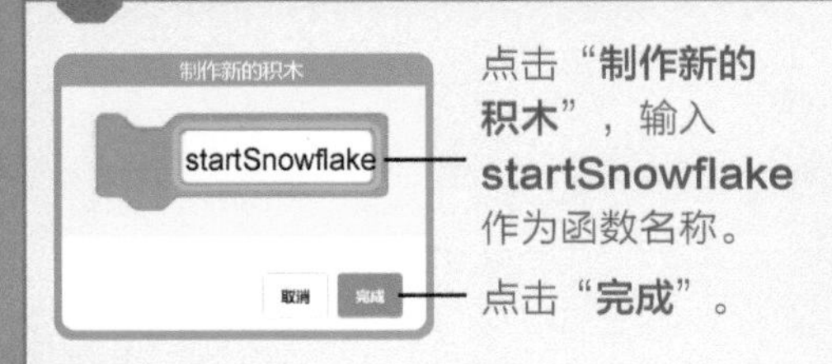

点击“**制作新的积木**”，输入 **startSnowflake** 作为函数名称。

点击“**完成**”。

拖曳以下代码：

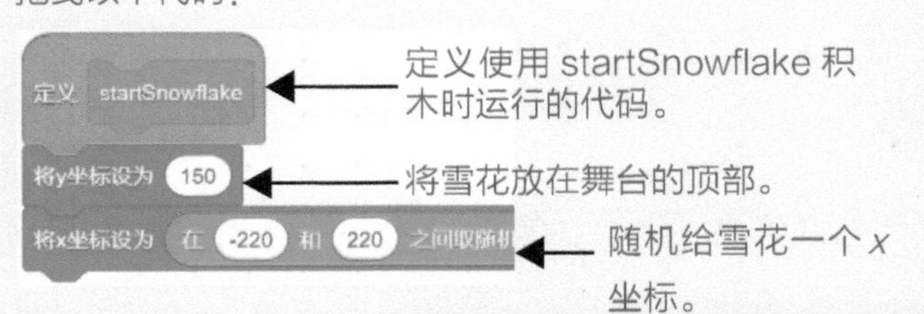

定义使用 startSnowflake 积木时运行的代码。

将雪花放在舞台的顶部。

随机给雪花一个 x 坐标。

22. 检查是否接到雪花

点击“**制作新的积木**”，输入 **checkIfCaught** 作为函数名称。

点击“**完成**”。

拖曳以下代码，检查是否接到雪花：

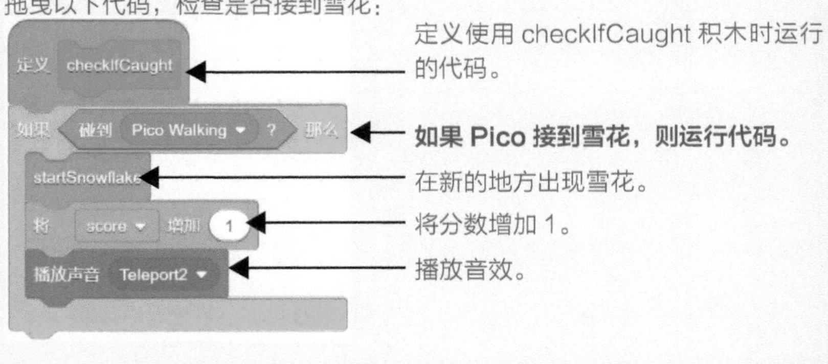

定义使用 checkIfCaught 积木时运行的代码。

如果 Pico 接到雪花，则运行代码。

在新的地方出现雪花。

将分数增加 1。

播放音效。

23. 组合雪花所有的代码

现在使用你定义的积木。

拖曳下面的积木将雪花的代码整合在一起：

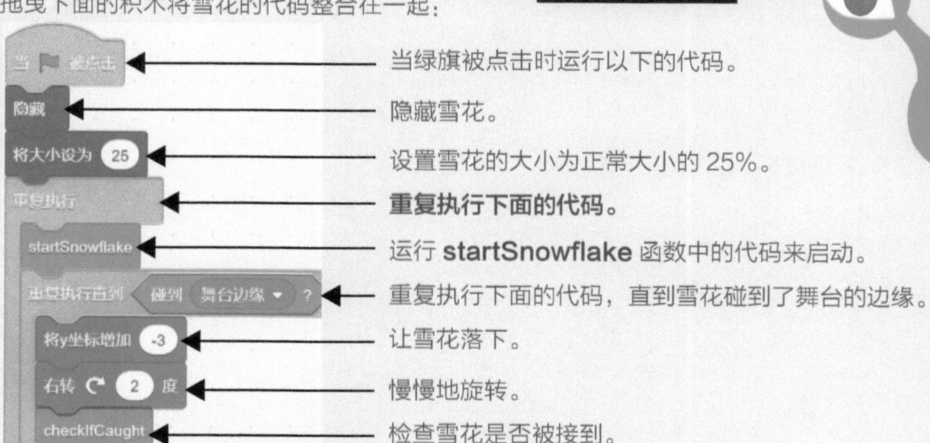

当绿旗被点击时运行以下的代码。

隐藏雪花。

设置雪花的大小为正常大小的 25%。

重复执行下面的代码。

运行 **startSnowflake** 函数中的代码来启动。

重复执行下面的代码，直到雪花碰到了舞台的边缘。

让雪花落下。

慢慢地旋转。

检查雪花是否被接到。

24. 接收消息

添加这两个代码段：

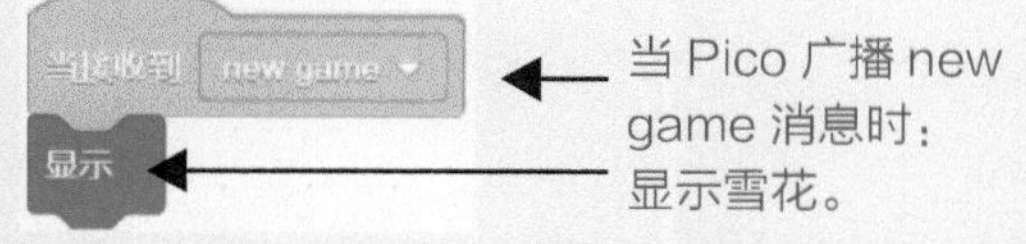

当 Pico 广播 new game 消息时：
显示雪花。

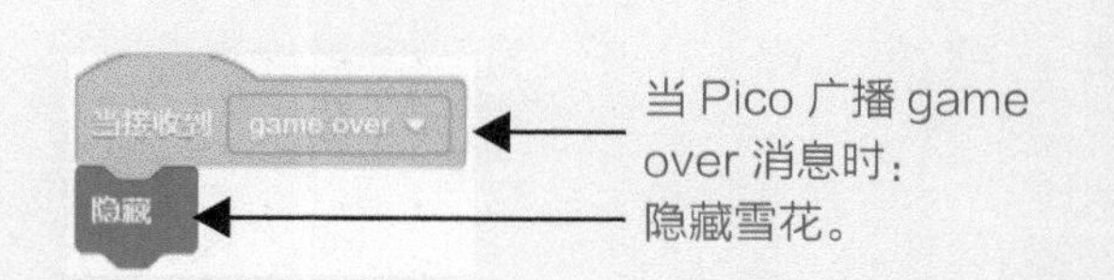

当 Pico 广播 game over 消息时：
隐藏雪花。

25. 添加另一片雪花

右键点击角色列表里的雪花（Snowflake）角色。

点击“**复制**”。

复制另一个，制作三片雪花。

点击绿旗测试你的代码。使用“←”键和“→”键，接到尽可能多的雪花。

准备好迎接挑战了吗？请前往第 111 页尝试创建“坠落”游戏。

挑战

在本章中，你学习了如何通过制作自己的积木（或函数）来使程序更易于阅读。

把本章中的程序做完以后，试试这些挑战吧。

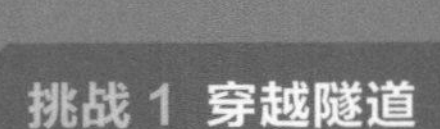

挑战 1 穿越隧道

做一个机器人穿越地下隧道的游戏。看看第 84 页的星空洞游戏中的功能。开始一个新的项目，创建函数使你的游戏正常运行。对 startGame 函数进行修改，使其在正确的位置启动，并更改碰到颜色积木中的颜色。

挑战 2 疯狂收集

在创建了第 88 页的“太空玉米卷”游戏之后，试试是否可以创建自己的收集游戏。为你的玩家选择背景和角色，为玩家要收集的东西选择一个角色。现在查看第 89 ~ 91 页上定义的函数，添加使游戏正常运行所需的代码（如果你将函数的名称从 moveDog 更改为 moveMonster 也没有关系，只要你始终使用该名称即可）。

挑战 3 奇妙函数

为了更好地使用函数，请尝试通过定义自己的积木来重新创建本书中较早的游戏。例如通过创建自己的积木（包括 gameOver 和 startGame）来创建“企鹅滑雪学校”游戏。向每个函数添加代码以执行特定任务。返回本章的开始部分可以获取帮助。

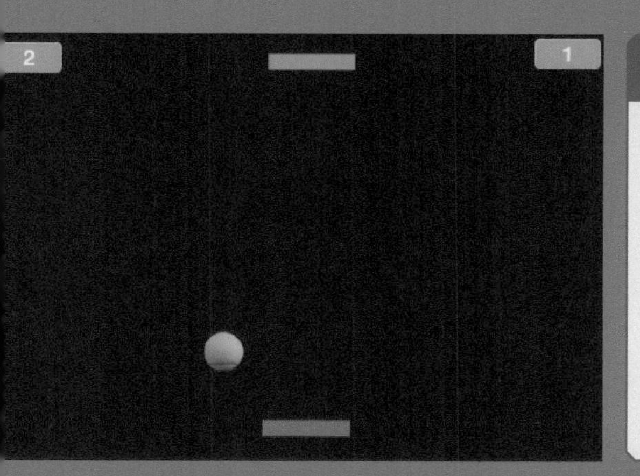

挑战 4 函数对战

创建自己的简单的双人游戏。有人要打网球吗？创建所需的背景和玩家角色。添加一个球的角色。现在创建函数使每个玩家都可以移动。请参照第 92 页的“双人足球”代码。考虑一下如何知道何时更改游戏得分变量。

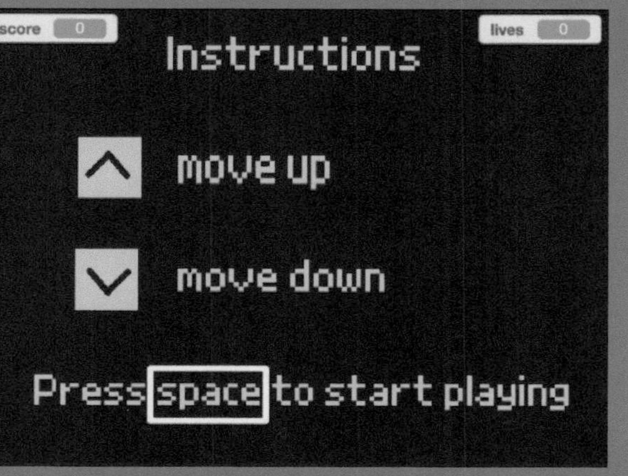

挑战 5 坠落

制作一个拥有闪屏的简单游戏。策划一下主要玩家角色将如何移动。你还需要哪些其他角色？你怎么知道比赛结束了？你需要游戏得分变量吗？改编或使用你已经创建的一些函数来创作游戏，如第 105 页的 showInstructions 积木，用来启动屏幕并允许玩家重新启动游戏。